病毒學會變異、植物懂得溝通、AI 開始創作……

智慧的演化從未停止！我們是否能夠見證智慧的下一次飛躍？

[加] 于非 著

智慧演化論

從最小的粒子到最大的思想

最小作用量原理，是宇宙的「智慧」表現？

沒有腦袋的粘菌，如何計算出最合理的線路？

人工智慧的演化，又經歷了那些派系鬥爭？

從宇宙大爆炸到 AI 時代，解碼智慧如何演化與升級！

目錄

前言

智慧是怎樣產生的？

為什麼智慧一直在演化，從非生物、植物、非人類動物到人類？

我們能製造出比人類更智慧的機器嗎？

人們早就想回答上述問題，但迄今為止，這些問題也沒有令人滿意的答案。近年來，人工智慧（Artificial Intelligence，AI）的發展廣泛引起了人們對智現象和智慧本質的關注。

荷蘭哲學家巴魯赫·斯賓諾沙（Baruchde Spinoza）曾說過：「人類所能企及的最高活動就是為明白而學習，因為明白了就獲得了自由。」本書源於我為了明白智慧現象和智慧本質而做的研究和探索。

雖然近些年人工智慧在一些領域取得了令人振奮的成果，但是目前大多數人工智慧的研究開發工作主要集中在工程技術領域。對智慧本質理解的不全面限制了人工智慧的發展。「你無法在造成問題的同一思維等級上解決這個問題，」愛因斯坦說，「你必須超越它並達到一個新的等級才能解決這個問題。」

在研究智慧現象和智慧本質的過程中，我們的目光不能僅局限於人類的智慧，而應該超越人類的智慧，考慮宇宙中不同的事物，達到一個新的等級，在新的等級上研究和探索智慧現象和智慧本質。

本書介紹了從宇宙誕生開始各式各樣的智慧現象，包括物理學中的智慧、化學中的智慧、生物學中的智慧、人類的智慧和機器的智慧，向世人揭開智慧的神祕面紗，探索智慧這種自然現象。如果把明白智慧當作千里之行，那麼本書便是嘗試邁出的第一步。

透過觀察從宇宙誕生開始發生的各式各樣的智慧現象，我們會發現，智慧是一種自然現象，類似於其他自然現象（如岩石滾動和冰雪融化）。這些現象的發生是為了促進宇宙的穩定，智慧現象也不例外。

這個假說可以幫助我們理解智慧的本質和解釋宇宙中的所有事物，包括植物、動物、人類和元宇宙，它們都有一個共同點：在宇宙趨向穩定的過程中發揮推動作用，而智慧現象就在這個過程中自然而然地發生。不同的智慧現象只是在為宇宙的穩定做出貢獻的規模上和效率上的不同。

本書的觀點可能會觸犯人類集體的「自尊」，並會撼動人類在宇宙的中心地位。然而，在人類過往的歷史中，地球被哥白尼革命逐出了宇宙的中心，人類因達爾文革命而脫離生物的頂峰。因此，當我們了解到我們都引以為豪的人類智慧實際上類似於岩石滾動和冰雪融化時，我們不必感到特別震驚。

本書共分 10 章，內容涵蓋宇宙起源過程中的物質、能量和空間，物理學中的重力、最小作用量原理，化學中的耗散系統、熵增、最大熵產生，生物學中生命的定義、生命的出現、植物中的智慧、動物中的智慧，人類大腦的新皮質結構、人類特殊的思維、大腦的理論，機器中的人工智慧符號主義、聯結主義、行為主義、通用人工智慧，元宇宙與現實世界等。

願與諸位讀者共勉。

感謝胡紹鳴對本書做出的貢獻，他把最小作用量原理和化學中的耗散系統介紹給我。感謝我的學生和光明實驗室的同事對本書中的插圖和文字進行編輯和修改，使本書的內容更加清晰形象、概念的解釋更加具體明確。感謝清華大學出版社盛東亮和崔彤等編輯的大力支持，他們認真細緻的工作保證了本書的品質。

由於作者程度有限，書中難免有疏漏和不足之處，懇請讀者指正！

作者

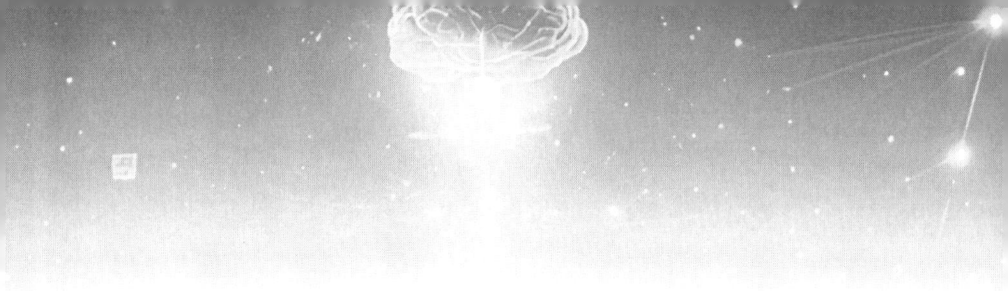

第一章　引言

人類所能企及的最高活動就是為明白而學習，因為明白了就獲得了自由。

—— 斯賓諾沙

你無法在造成問題的同一思維層級上解決這個問題，你必須超越它並達到一個新的層級才能解決這個問題。

—— 愛因斯坦

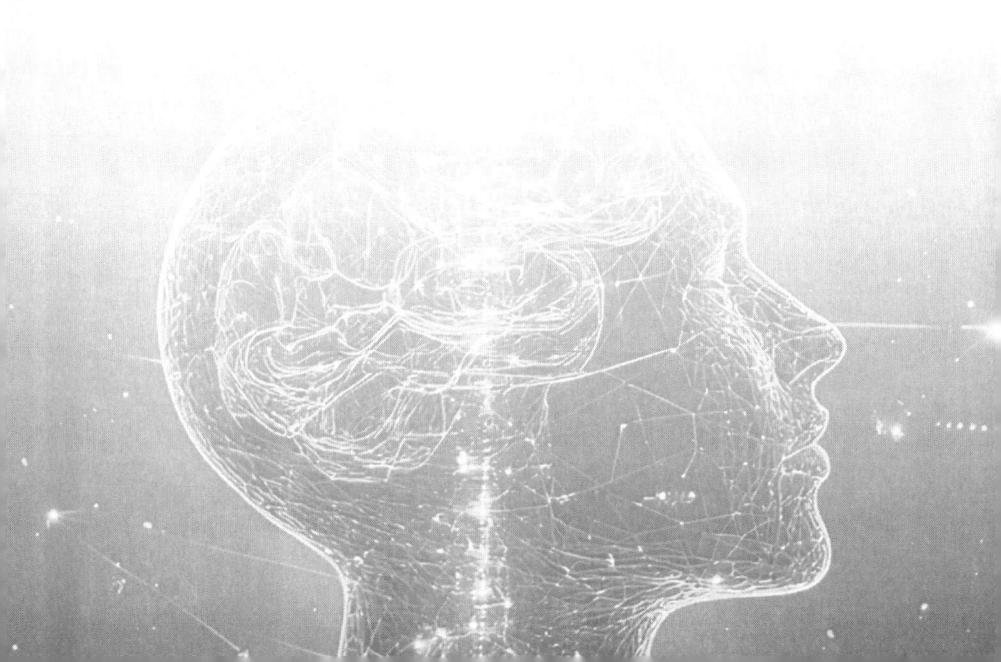

在短暫的人類歷史中，人類已經完成了無數令人驚嘆的壯舉，我們在月球上行走，掌握飛行技術，創造出元宇宙……等等。在不到 7 萬年的時間裡，人類已經從無足輕重的動物演化成一個即將「成神」的物種，擁有神般的創造能力。許多人用各種理論和假說試圖解釋為什麼人類是地球上最智慧的物種，比如我們擁有複雜的大腦、神經系統、八卦能力、語言等。

但是事實果真如此嗎？新型冠狀病毒在短短數月內肆虐全球，人們所認為不「智慧」的新型冠狀病毒，卻奪走了無數「智慧人類」的生命。可大多數病毒的構造其實相當簡單，無非是核酸（DNA 或 RNA）外面包裹著稱為「衣殼」的蛋白亞單位。它們沒有大腦，沒有神經，沒有血液，甚至沒有完整的細胞結構！當然，我們可以研製有效的疫苗和藥物來對抗病毒，但是人類在第一輪和病毒的較量中損兵折將、大敗虧輸，而且未來病毒捲土重來並產生變異的可能性很大。那麼在這場戰鬥中，新型冠狀病毒與人類相比，誰更智慧？這就是一個值得商榷的話題了。

回首過往，人類歷史上因病毒而遭遇的大型災難並不罕見。13 世紀的黑死病奪走了歐洲三分之一人口的生命，1918 年的西班牙流感奪走了 5,000 萬人的生命，甚至在 21 世紀的今天，人類仍遭遇了 2014 年的伊波拉病毒大爆發，以及如今肆意橫行的新型冠狀病毒。多次的經驗教訓讓我們深知，病毒的威力不容小覷。病毒這種最「低階」的生命體，在地球上卻已經存在了 40 億多年。相比之下，人類大約 7 萬年的短暫歷史不過是滄海一粟。

有的人認為，人類作為生物，至少比非生物更智慧。然而，在人類的生活中，遠距傳物目前僅存在於科幻小說中，可事實上，在微小的次原子粒子中，遠距傳送是可實現的，量子遙傳允許相距很遠的兩方在沒有通訊通道的情況下交換資訊，從這個例子可以看出，微小的粒子也許比人類更智慧！

有人可能會爭辯說，病毒和量子粒子的能力不應該被稱為智慧。確實在大多數人的心目中，人類一直被當作智慧研究的主要對象，例如人類認知科學和生理學。但近期研究顯示，非人類的動植物，甚至非生物，都表現出智慧的行為。

什麼是智慧？在我們的日常生活中它似乎是一個具有具體定義的詞，但其實一個抽象的、難以量化的智慧概念是很難定義的。「智慧」一詞源自拉丁語名詞 intelligeria 或 intellēctus，後者又源自動詞 intelligere，意思是「理解」或「感知」。大量的關於智慧的研究文獻就智慧的定義各執一詞，較有爭議。什麼是智慧，以及它是否可以量化，目前還沒有一個公認的答案。

早在人類出現之時，對智慧現象和智慧本質的追求就已經存在。近年來，以深度學習（deep learning）為代表的第三次人工智慧浪潮席捲全球。一方面，有些人很高興看到可以創造出具有人類智慧的機器，幫助我們解決諸如自動駕駛、氣候變化及蛋白質結構等問題。例如，任職於 Google 的雷蒙．庫茲維爾（Raymond Kurzweil ）對將至的未來做了一個展望，提出了「科技奇點（the Singularity）」一詞。在奇點中，人工智慧透過其自我改進和自主學習的能力，將在 2040 年達到甚至超過人類智慧 [001]。

此外，有些人對人工智慧的進步感到恐懼，例如特斯拉和 SpaceX 公司的創始人伊隆．馬斯克（Elon Musk）表示，人工智慧可能是「我們最大的生存威脅」，並且認為「我們正在以人工智慧召喚惡魔」。一些著名的思想家對此進行了反駁，稱近期任何關於超人類人工智慧的報導都被誇大其詞。麻省理工學院（MIT）人工智慧實驗室前任主任羅德尼．布魯克斯（Rodney Brooks）表示，「我們嚴重高估了機器在當下和幾十年後的能力。」心理學家和人工智慧研究員加里．馬庫斯（Gary Marcus）則表示，「大部分人類級別的人工智慧發展已進入瓶頸期。」

在研究人類智慧時，智慧通常與理解、學習、推理、計劃、創造力、批判性思維和解決問題的能力有關。動物智慧也經常被作為智慧的研究對象，比如動物在解決問題及數字和語言推理能力等方面展現的智慧。動物智慧常常會被誤認為本

---

[001]　Kurzweil R. The singularity is near[M]. New York: Viking, 2005.

能，或者是完全由遺傳因素所決定的。研究人員為了研究動物智慧也做了大量的觀察和實驗。比如，把一根香蕉掛在關有黑猩猩籠子的頂部，並且在籠子裡放一個木箱。在奮力跳躍抓香蕉無果後，黑猩猩發現了木箱，觀察後選擇把木箱放到香蕉下面，爬上箱子，從箱子上面使勁跳躍，最終拿到了香蕉。

植物也很聰明。我們通常會把植物看作「被動」存在的東西，但研究人員發現，植物不僅能夠從過去的經驗中學習區分正面和負面，而且還能夠進行交流，準確計算它們的處境，使用複雜的成本效益分析並採取嚴格控制的行動。比如，科學家曾經對菟絲子這種不進行光合作用的寄生植物做過研究。科學家把一些單獨的菟絲子移植到一些營養狀況不同的山楂樹上，發現菟絲子會選擇纏繞在營養狀況更好的山楂樹上。

關於智慧，心理學、哲學和人工智慧方面的研究人員有數百種不同的定義。正如美國心理學家羅伯特·史坦伯格（Robert J. Sternberg）所說，「智慧的定義跟試圖去定義它的專家一樣多。」通常情況下，智慧可以被定義為「一個個體在廣泛的環境中實現目標的能力」或者「一個個體為了生存而積極重塑自身存在的能力。」[002]

從這個意義上說，智慧不僅存在於生物中，如病毒；也存

[002] Legg S, Hutter M. A collection of definitions of intelligence[J]. Advances in artificial general intelligence: concepts, architectures and algorithms, 2007, 157(1): 17-24.

在於非生物中，如量子粒子。儘管如此，似乎在人們的認知裡，人類總是比非人類、植物和非生物更加智慧。

如果你相信達爾文的演化論，你可能很自然地認為智慧是透過自然選擇產生和發展的。然而，自然選擇只解釋了生物系統的出現，卻很難解釋它們必須具有哪些特徵，例如生物的積極性、目的性、奮鬥性（「繁殖力原則」），以及在沒有自然選擇的情況下複雜程度的增加。因此，僅用簡單的演化理論來解釋智慧是一件困難的事情。

「人類所能企及的最高活動就是為明白而學習，」荷蘭哲學家巴魯赫．斯賓諾沙（Baruch de Spinoza）曾說過，「因為明白了就獲得了自由」。這本書源於我為了明白智慧而做的研究和探索。

我相信智慧是一種自然現象，就像岩石滾動和冰雪融化般自然的現象。智慧可以像許多其他現象一樣，透過建立簡化模型來進行研究，如果智慧是一種自然現象，我們是否能回答以下這些問題？

- 智慧是怎樣產生的？
- 為什麼智慧一直在演化，從非生物、植物、非人類動物到人類？
- 我們能製造出比人類更智慧的機器嗎？

◈ 如何衡量智慧？

◈ 我們能否盡可能完整、嚴格和簡單地理解不同形式的智慧？

「你無法在造成問題的同一思維層級上解決這個問題，」愛因斯坦說，「你必須超越它並達到一個新的層級，才能解決這個問題。」在研究智慧的過程中，研究的對象不能僅局限於人類，而應該超越人類的層級，考慮宇宙中不同的事物，在更高的層級上研究智慧。

當我們在更高的層級上研究智慧時，考慮到宇宙中不同的事物，將會發現智慧是一種自然現象，和其他自然現象（如岩石滾動和冰雪融化）類似。這些現象都是為了促進宇宙的穩定而出現的。

我明白上述觀點非常「危險」，因為這種觀點可能會觸犯到人類集體的「自尊」。人類總是覺得我們處於食物鏈的頂端，認為人類的智慧是其他動物所望塵莫及的。然而，在人類過往的歷史中，我們曾經認為我們居住的地球是宇宙的中心，這個想法被哥白尼革命無情推翻；人類曾經認為我們是造物主唯一的恩寵，這個想法也被達爾文革命無情顛覆。因此，當我們了解到我們都引以為豪的人類的高級智慧實際上類似於岩石滾動或者冰雪融化的時候，我們不必感到不適和震驚。

這裡簡要解釋一下這個觀點。宇宙起源於大爆炸，從一開始，宇宙中的成分就分布不均，造成在一定距離上，總是存在各式各樣的差異（如能量、質量、溫度等）。這種差異稱為梯度，由於梯度的原因，宇宙是不穩定的，宇宙中的一切都從未靜止過。正如生態學家艾瑞克．施奈德（Eric Schneider）所說：「自然界厭惡梯度。」因此，宇宙中的每個組成部分都在各司其職地改善不平衡的現象，使宇宙更加穩定。

此外，每個組成部分的穩定過程都會以分散式的方式發生，不會以集中的方式發生。簡單的例子如我們日常生活中的從山上滾下的滾石和融化的冰雪，複雜的例子如生物演化、集體智慧、社交網路、元宇宙等。

這個假說可以解釋宇宙中的所有事物，包括粒子、岩石、病毒、植物、人類和元宇宙，它們都有一個共同點：在宇宙趨向穩定的過程中發揮推動作用，而智慧就在這個促進宇宙穩定的過程中應運而生。那麼，為什麼宇宙中存在各式各樣的事物呢？在不同的環境中，不同的約束條件限制了穩定宇宙的能力，每個事物（如粒子、岩石、人、公司、社會和元宇宙）在約束條件的限制下以最有效的方式去緩解不平衡這個「症狀」，從而積小流成江海——穩定宇宙。從這方面分析，宇宙中不同事物之間的主要區別有以下幾點。

- 物質：緩解能量不平衡，使宇宙更穩定。

- 非人類生物：緩解能量、物質和有限資訊的不平衡，使宇宙更加穩定。
- 人類：緩解能量、物質和更多資訊的不平衡，使宇宙更加穩定。

一個穩定的過程會涉及一系列「狀態轉換」，而不僅僅是依靠一個簡單的步驟就可以實現。一個「狀態轉換」的過程是在同一框架下整體統籌和安排而形成的整體變化，相應地形成與之匹配的功能。從不同事物出現的時間線能夠觀察到，與宇宙中較舊的事物相比，新事物具有更複雜的結構，並且可以在更多元度上以更高的效率為宇宙的穩定性做出貢獻。我們將在本書的其餘部分解釋這些觀點。

第一章　引言

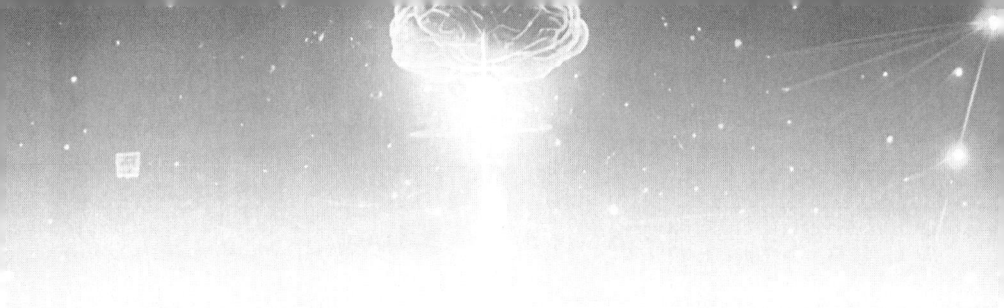

第二章　讓宇宙更加穩定

宇宙生來就是躁動不安的，從那以後就再也沒有靜止過。

—— 亨利·盧梭（Henri Rousseau）

智力是適應變化的能力。

—— 史蒂芬·霍金（Stephen Hawking）

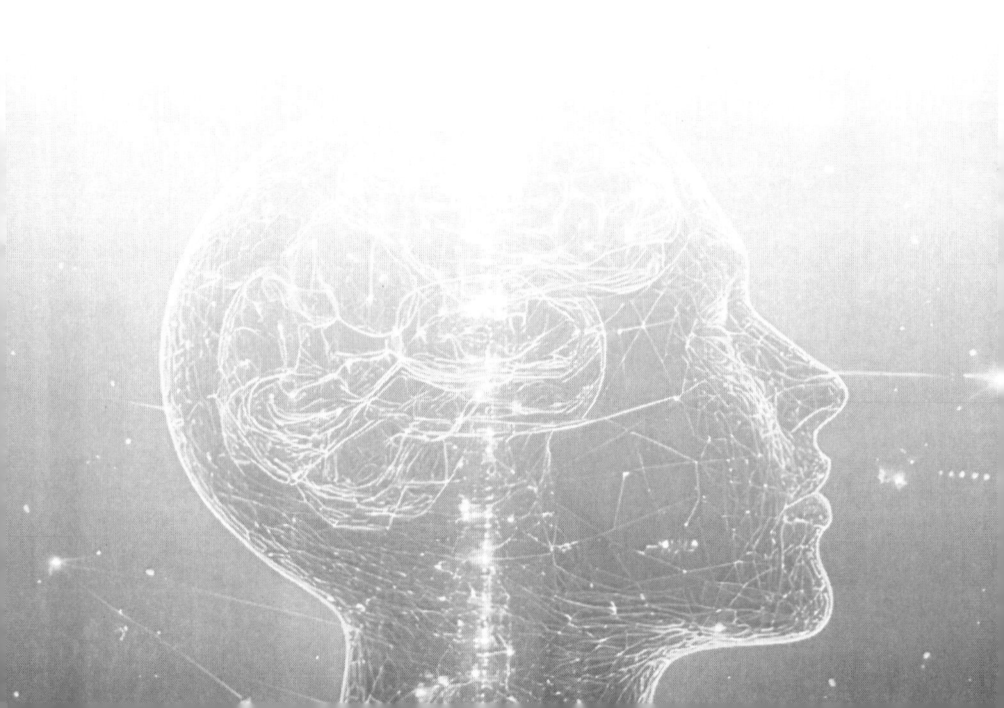

2.1

宇宙從無到有：物質、能量和空間

我們所處的宇宙，是廣袤空間和其中存在的各種天體及瀰漫物質的總稱。人們一直在探尋宇宙是什麼時候、如何形成的。宇宙起源是一個極其複雜的問題。直到 20 世紀，出現了兩種比較有影響的關於宇宙起源的模型：一是恆穩態理論（Steady State Theory），二是大爆炸理論（The Big Bang Theory）。恆穩態理論認為：宇宙的過去、現在和將來基本上處於同一種狀態，從結構上說是恆定的，從時間上說是無始無終的。而大爆炸理論認為宇宙和時間的開始都源起於宇宙中一次巨大的爆炸，這一爆炸造成了各大星系，而各大星系，以及整個宇宙總是處於不斷變化和發展的過程中。1927 年，比利時宇宙學家和天文學家喬治·勒梅特（Georges Lemaître）首次提出了宇宙大爆炸假說 [003]。

1920 年代後期，愛德溫·哈伯（Edwin Hubble）發現了紅移現象，說明宇宙正在膨脹。1960 年代中期，阿諾·彭齊亞斯

[003] Lemaître G. Un Univers homogène de masse constante et de rayon croissant rendant compte de la vitesse radiale des nébuleuses extra-galactiques[J]. Annales de la Société scientifique de Bruxelles, 1927, 47: 49-5.

(Arno Penzias) 和羅伯特·威爾森 (Robert Wilson) 發現了宇宙微波背景輻射。這兩個發現給了大爆炸理論有力的支持[004]。

在大爆炸理論中，大約 138 億年前，整個宇宙，以其令人難以置信的浩瀚和複雜，從之前的虛無中膨脹而出。大爆炸開始時，體積無限小、密度無限大、溫度無限高、時空曲率無限大的點，稱為奇點。大爆炸之初，物質只能以電子、光子和中微子等基本粒子形態存在。宇宙爆炸之後的不斷膨脹，導致溫度和密度很快下降，隨著溫度下降，逐步形成原子、原子核、分子，並複合成為通常的氣體。氣體逐漸凝聚成星雲，星雲進一步形成各式各樣的恆星和星系，最終形成我們如今所看到的宇宙。

當然，一個關鍵問題是：上帝是否創造了宇宙大爆炸？

我們無意冒犯任何有信仰的人，所以我們把這個問題排除在本書的範圍之外。

儘管宇宙浩瀚而複雜，但事實證明，要建造一個宇宙，只需要三種成分：物質、能量和空間[005]。

物質是有質量的東西。物質無處不在，在我們的房間裡，

---

[004] Wright E. Was the Big Bang Hot?[C]. Symposium-International Astronomical Union, 1983: 113-118.

[005] Hawking S, Redmayne E, Thorne K S, et al. Brief answers to the big questions[M]. London: John Murray, 2020.

在我們腳下，在太空中，如地球上的水、岩石和空氣。巨大的恆星螺旋，延伸到令人難以置信的距離。

建造宇宙所需的第二個要素是能量。我們每天都離不開能量，做飯、手機充電和開車都是在使用能量。在陽光明媚的日子裡，我們可以感受到 9,300 萬英哩（1 英哩≈ 1.61 公里）外的太陽所產生的能量。能量滲透到宇宙中，推動著宇宙動態過程的不斷變化。

建造宇宙需要的第三個要素是空間，很多空間。無論從哪裡看宇宙，我們都會看到向各個方向伸展的空間。

根據愛因斯坦的相對論，質量和能量是同一個物理實體，可以在他著名的方程 $E = mc^2$ 中相互轉化，其中 E 是能量，m 是質量，c 是光速。這將「宇宙食譜」中的成分數量從三個減少到兩個。

儘管形成宇宙只需要能量和空間這兩種成分，但最大的問題是這兩種成分從何而來。在大爆炸理論的核心，它解釋了能量和空間分別是正的和負的。這樣，正負加起來為零，這意味著能量和空間可以從無到有。

可以用一個簡單的類比來解釋這個關鍵概念。想像一下，我們想在平坦的土地上建造一座小山，但我們不想從其他地方攜帶土壤或岩石。建造這座小山，我們可以在這片土地上挖一個洞，用洞裡的泥土來建造它。在這個例子中，我們不僅製作了小山，還製作了洞，這是小山的負版。小山曾經在洞裡面，在這個過程中它完美地平衡了。換句話說，山和洞可以在平坦的土地上出現。

這就是宇宙開始時能量和空間發生的事情背後原理。當大爆炸產生大量的能量時，它同時產生了相同數量的負能量，這就是空間。正能量和負能量相加為零。

2.2

不安分的宇宙

宇宙閃現之後，並不像看上去那麼靜止。宇宙中的一切都在不斷變化，以使其更加穩定。圖 2.1 顯示了大爆炸後宇宙演化的時間線。

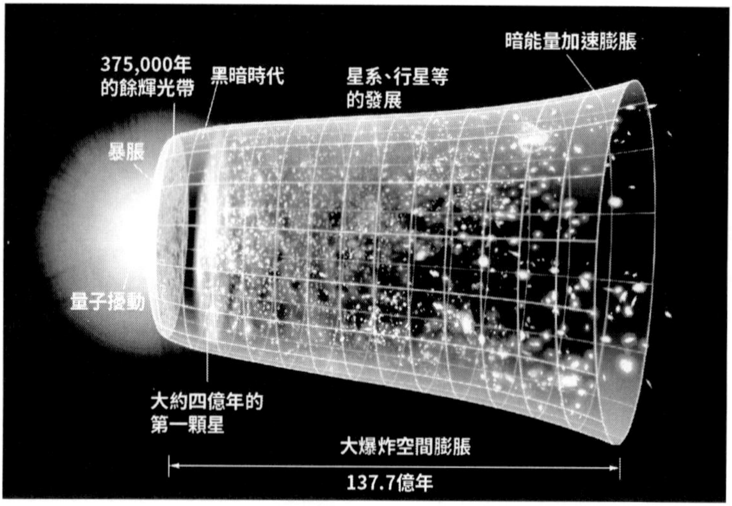

圖 2.1　大爆炸後宇宙演化的時間線 (維基百科提供)

科學家認為，在大爆炸後的最初時刻，宇宙極其熾熱和密集，能量巨大。夸克和電子是構成物質的基石。這些基本粒子在能量海洋中自由漫遊。但夸克和電子作為等離子的存在只是短暫的，因為它們被創造的同時也迅速地被湮滅。隨著宇宙冷卻，大爆炸後大約萬分之一秒後，夸克凝聚成質子和核子。幾分鐘內，這些粒子黏在一起形成原子核，首先形成的原子主要是氫和氦。今天宇宙中存在的73%氫和25%氦來自這個時期的前幾分鐘。

今天宇宙中存在的另外2%的原子核是在數十萬年後產生的。電子黏在原子核上以形成完整的原子。由於重力，這些原子聚集在巨大的氣體雲中，星系由恆星的引力集合形成，這是一種能將任何有質量的物體拉向彼此的力，例如導致蘋果從樹上掉下來。

地球和太陽等大型物體由於引力和電磁力在運動。除運動外，宇宙一直在穩步膨脹 —— 不斷增加嵌入太空中的星系之間的距離。我們可以用發生在一塊葡萄乾麵包上的變化來解釋宇宙的膨脹：隨著麵包的膨脹，雖然麵包裡的葡萄乾彼此遠離，但它們仍然卡在麵包中。

1912～1922年，美國天文學家維斯托·斯萊弗（Vesto Slipher）觀測了41個星系的光譜，發現其中36個星系的光譜發生紅移，他認為這種現象意味著這些星系正在遠離地球[006]。

---

[006] Slipher V M. Spectrographic observations of nebulae[J]. Popular astronomy, 1915, 23: 21-24.

1929 年，美國天文學家哈伯的觀測顯示，星系正以與其距離成正比的速度遠離地球，這在傳統上被稱為「哈伯定律」。為紀念哈伯的貢獻，1990 年，美國國家太空總署（NASA）將發明的太空望遠鏡命名為「哈伯太空望遠鏡」。此外，小行星 2069、月球上的哈伯環形山均以他的名字來命名。2018 年，國際天文學聯合會（IAU）投票建議將「哈伯定律」修改為「哈伯 - 勒梅特定律」，以表彰哈伯和比利時天文學家喬治．勒梅特對現代宇宙學發展的貢獻。

在量子世界中研究的原子和次原子級別的小粒子也由於弱核力和強核力而運動。小顆粒不僅會移動，而且與我們日常生活中看到的移動相比，它們的移動也很奇怪。量子既可以表現得像粒子一樣位於一個地方，又可以像波浪一樣，分布在整個空間或同時分布在幾個不同的地方。量子另一個最奇怪的地方是糾纏狀態：比如我們觀察一個粒子時，另一個距離很遠的粒子會立即改變它的特性，就好像這兩者透過一個神祕的通道相連。

2.3

改變以穩定宇宙

為什麼宇宙中的一切都在不斷變化？儘管它似乎是可證明的基本事實，但目前科學還不能完全回答這個問題。

其中一個可能的原因是，宇宙中的兩種成分（即能量和空間）從一開始就使它不穩定，而宇宙中的一切都在不斷變化，使宇宙逐步走向穩定。而且，由於空間成分，宇宙中的能量分布極為廣泛，在這個穩定的過程中，似乎沒有集中控制。因此，每個零件都以分散式的方式為宇宙穩定做出貢獻。

這個假說可以解釋宇宙中最初物質為什麼會形成。為了緩解能量在宇宙中分布的不平衡，物質在宇宙中出現，來有效地傳播能量，從而使宇宙更加穩定。這種物質形成過程類似於水蒸氣冷卻時蒸汽凝結成液滴的方式。水蒸氣中的分子比水滴中的分子更分散，密度的變化伴隨著能量的擴散。在溫暖的環境中，水呈現氣態，環境和水處於穩定狀態。當環境溫度下降時，環境與水之間存在梯度，系統不再穩定。環境處於比水蒸氣低的能量狀態。為了使該系統更加穩定，水分子的密度會發生變化以促進能量傳播。因此，水從氣態變為液態。

同樣，在物質形成過程中，粒子的結構也會發生變化以促進能量傳播。

其他一些例子包括我們日常生活中的石頭從高處滾下和冰融化成水，更複雜的例子包括生物演化、集體智慧和網路上的熱議話題。我們將在接下來的章節中詳細說明。特別地，由於本書主要對智慧感興趣，我們展示了智慧是在穩定宇宙的過程中自然出現的，就像石頭從高處滾下和冰融化成水一樣自然。

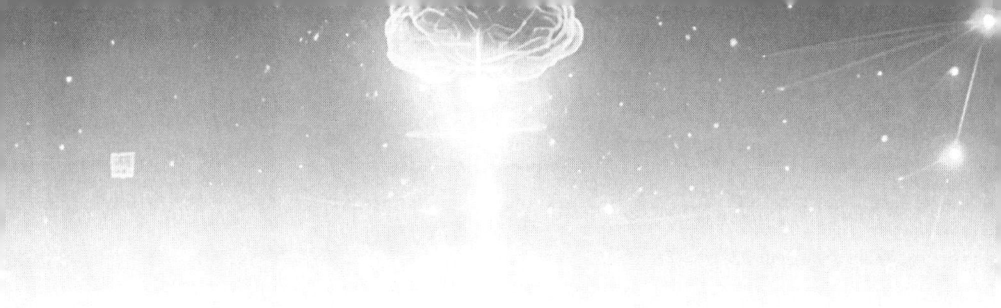

第三章　物理現象的智慧

這個由太陽、行星和彗星組成的最美麗的系統，只能由一個智慧而強大的存在所指引和支配。

—— 艾薩克·牛頓（Isaac Newton）

大自然的想像力遠遠超過我們自己。

—— 理查·費曼（Richard P. Feynman）

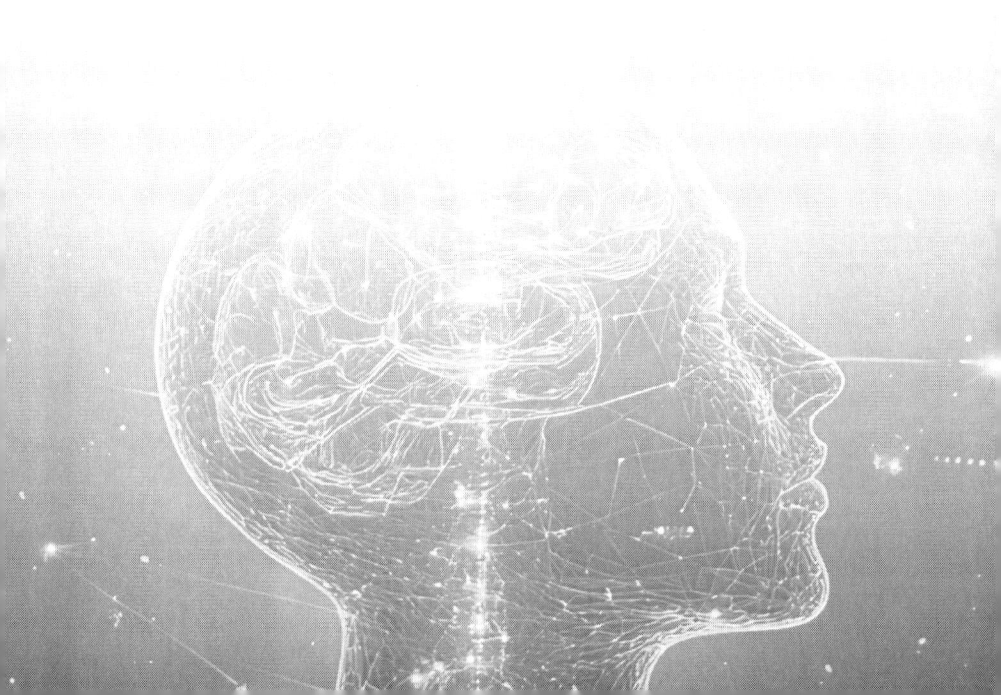

在宇宙形成後，出現了一門自然科學 —— 物理學。它研究物質及其運動和行為，以及能量和力的相關實體。物理學已經成為其他各自然科學學科的研究基礎。作為自然科學的基礎學科，物理學研究大至宇宙，小至基本粒子等一切物質最基本的運動形式和規律。物理學注重於研究物質、能量、空間、時間，尤其是它們各自的性質與彼此之間的相互關係。

本章我們介紹物理學中的智慧現象，介紹一些在物理學層面上使宇宙更加穩定的奇妙現象。我們可以看到，在物理學層面上推動宇宙趨向穩定的過程中，智慧應運而生。

3.1

美麗的物理世界

宇宙遠不止美麗和令人嘆為觀止。它是完美的 —— 出奇的、不可思議的完美。各種物理常數，如光速、電子電荷、四種基本力（重力、電磁力、弱力和強力）的比例似乎都經過了微調，可以創造和執行宇宙。

在第 1 章曾經提到，智慧的一般形式的本質可以被稱為一個個體實現目標的能力。從這個意義上來說，物理宇宙確實有它的智慧。

中子的質量是質子質量的 1.00137841870 倍，質子是一個裸氫核。這允許中子衰變成質子、電子和中微子，這一過程決定了大爆炸後氫和氦的相對豐度，並為我們提供了一個以氫為主的宇宙。如果中子與質子的質量比稍有不同，我們將生活在一個非常不同的宇宙中。例如，過多的氦星會過快燃燒從而生命無法演化，或者質子衰變成中子，從而使宇宙沒有原子。

所以，事實上，我們根本不會住在這裡，因為我們不會存在。

當然，可能還有其他形式的智慧生命，它們不需要像太陽這樣的恆星發出的光，也不需要那些在恆星中產生，當恆星爆炸時被拋回太空的比較重的化學元素。儘管如此，很明顯，允許任何形式智慧生命發展的宇宙引數範圍是相對很小的。

3.2

重力智慧

宇宙中的基本力之一是引力，所有具有質量或能量的物體，包括恆星、行星、星系、岩石，甚至光，都透過引力相互靠近。引力是宇宙中許多結構的原因。宇宙早期由引力引起的原始氣態物質的吸引力使其開始聚結，形成恆星，組合成星系。在我們的日常生活中，重力為物體帶來重量，並導致岩石從山上掉下來。引力將太陽系凝聚在一起，使一切事物（從最大的行星到最小的碎片顆粒）都保持在其軌道上。重力引起的聯繫和相互作用驅動季節、洋流、天氣、氣候、輻射帶和極光。

為什麼會有重力？每個人都經歷過，但是很難確定為什麼會有重力。儘管牛頓和愛因斯坦設計的定律成功地描述了引力，但我們仍然不知道宇宙的基本屬性是如何結合起來產生這種現象的。牛頓在西元 1687 年指出，「萬有引力一定是由一個（智慧的）神根據某些規律不斷地行動引起的 [007]。」在牛頓之前，沒有人聽說過萬有引力，更不用說普遍規律的概念了。

[007] Chandrasekhar S. Newton's principia for the common reader[J]. Oxford: Oxford University Press, 2003, 1-2.

這個智慧神到底是誰？牛頓曾說過，「無論這個神是物質的還是非物質的，我都留給我的讀者來考慮」。

200 多年來，沒有人真正挑戰過重力智慧可能是什麼。

或許，任何可能的挑戰者都被牛頓的天才嚇倒了。

愛因斯坦並沒有被嚇倒。1915 年，在沒有實體實驗的情況下，愛因斯坦想像出一種能產生引力的智慧體。根據他著名的相對論，引力是質量對空間和時間影響的自然結果[008]。

牛頓和愛因斯坦都同意空間和時間有維度（如空間有寬度、長度和高度，時間有長度）。但牛頓並不認為空間和時間會受到其中物體的影響。愛因斯坦做到了，他的理論是重力只是質量在空間和時間中存在的自然結果。對於空間，重力可以扭曲、彎曲、推動或拉動它。隨著時間的推移，重力也可以透過加速或減速來扭曲它。圖 3.1 表明重力不是力，而是時空的曲率。

藉助蹦床遊戲，可以想像愛因斯坦的空間重力扭曲。我們的質量導致蹦床空間的彈性結構出現凹陷。將球滾過腳下的經線，它會朝著你的質量彎曲，你越重，你彎曲的空間就越多。

---

[008]　Einstein A. Die feldgleichungen der gravitation[M]. German: Sitzung der physikalische-mathematischen Klasse, 1915.

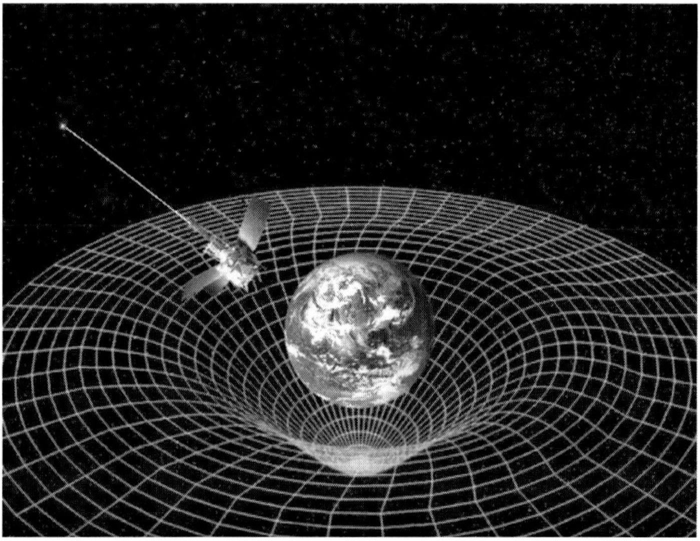

圖 3.1　由質量對空間和時間的影響而產生的引力（由 NASA 提供）

人們普遍認為相對論是一種抽象且高度神祕的數學理論，對日常生活沒有影響。這實際上與事實相去甚遠。該理論對於用於導航的全球定位系統（Global Positioning System，GPS）至關重要。GPS 由 20 多顆環繞地球高軌道衛星組成的網路構成 [009]。GPS 接收器透過比較它從當前可見的 GPS 衛星（通常為 6 ～ 12 個）接收的時間訊號並在每個衛星的已知位置上進行三邊測量來確定其當前位置。所達到的精度是非凡的，即使是一個簡單的手持式 GPS 接收器，也可以在幾秒鐘內確定在

[009]　Department O. Global positioning system standard positioningservice performance standard[J]. Gps & Its augmentationsystems, 2008, 35(2): 197-216.

地球表面上的絕對位置，精確到 5 ～ 10 米。更複雜的技術，如實時動態技術（Real-Time Kinematic，RTK），只需幾分鐘的測量即可提供公分級位置，可用於高精度測量、自動駕駛和其他應用。為了達到這種精度，來自 GPS 衛星的時鐘滴答的準確度需要為 20 ～ 30 奈秒。如果沒有正確考慮這種影響，基於 GPS 的導航定位將在僅 2 分鐘後出錯，並且全球位置的錯誤將以每天約 10 公里的速度繼續累積！在很短的時間內，整個系統對於導航將毫無價值。

3.3
重力和暗能量

引力本身就可以使宇宙不穩定。如果將一些物質完美地均勻分布在吞吐量空間，這個系統是不穩定的，就像一塊岩石在尖頂上保持平衡。只要條件保持完美，物質就會保持均勻，岩石也會保持平衡。然而，輕輕地推那塊石頭，它就會離開平衡。對於只有引力的宇宙也是如此，因為最微小的擾動將導致局部空間體積失控的引力增長，從而實現更大的密度。這種增長一旦開始，就永遠不會停止。這個最初過密的區域將增長到更大的密度，並更有效地吸引物質。事實上可以證明，靜止物質的任何初始靜態分布都會在其自身引力下坍塌，不可避免地導致黑洞。

愛因斯坦最初的解決方案是新增其他東西——宇宙常數。在他的方程中，一個由宇宙常數主導的宇宙會看到任何兩點之間的距離隨著時間的推移而增加。換句話說，萬有引力的作用是將質量相互吸引，但宇宙常數的作用是將任何兩點分開。

這不是一個令人滿意的解決方案。如果讓一個物體離另一個物體太近，引力會克服宇宙常數，導致失控的引力增長；如果把一個物體移得太遠，宇宙常數會克服引力，無休止地加速這個物體。

1922 年，亞歷山大・傅里德曼（Alexander Friedmann）推導出了控制宇宙如何均勻填充的方程。在世界其他地方，喬治・勒梅特、霍華德・羅伯遜（Howard Robertson）和亞瑟・渥克（Arthur Walker）也得出了同樣的解決方案。該解決方案最瘋狂的是，它明確表明宇宙的時空結構不能保持靜止，相反，它必須擴展或收縮以使其穩定。

科學界的共識是我們不需要宇宙常數。我們將其視為另一種具有自身特性的廣義能量形式 —— 暗能量。愛因斯坦錯過了它，因為他堅持宇宙是靜態的，並發明了宇宙常數來實現這個目標。

最近的研究顯示，引力可能是一種湧現（emergent）現象，而不是一種基本力[010]。具體來說，重力遵循熱力學第二定律，在該定律下，系統的熵會隨著時間的推移而增加。科學家們使用統計數據來考慮所有可能的質量運動和所涉及的能量變化，發現彼此之間的運動比其他運動更可能在熱力學上發生。

此外，暗能量導致熱體積定律對熵的貢獻。換句話說，引力和暗能量是為了讓宇宙更加穩定。

---

[010] Verlinde E, Verlinde E. On the origin of gravity and the laws of Newton[J]. Journal of high energy physics, 2011(4): 1-27.

3.4

最小作用量原理

1744 年，皮埃爾・莫佩爾蒂（Pierre Maupertuis）發現了最小作用量原理（Least action principle）[011]。通過對牛頓力學定律進行奇特的改造，他預期會受到好評。然而，他的論點一開始就遭到全歐洲知識分子的嘲笑。事實證明，這一原理是物理學中最有影響力的思想之一。到 19 世紀末，整個力學科學都建立在這個原理上。最小作用量原理有時被認為是物理科學領域中最偉大的概括，這並不奇怪。該原理仍然是現代物理學和數學的核心，被應用於熱力學[012]、流體力學[013]、相對論、量子力學[014]、粒子物理學和弦理論，並且是莫爾斯理論現代數學研究的重點。

宇宙以最「經濟」的方式行動，因此宇宙中任何運動的「作

[011] de Maupertuis PLM. Accord de différentes lois de la nature qui avaient jusqu'ici paru incompatibles[J]. Des sciences, 1911, 417-426.

[012] Vladimir G-M, et al. Thermodynamics based on the principle of least abbreviated action: Entropy production in a network of coupled oscillators[J]. Annals of physics, 2008, 323(8):1844-1858.

[013] Gray C. Principle of least action[J]. Scholarpedia, 2009, 4(12): 8291.

[014] Feynman R P. The principle of least action in quantum mechanics[D]. Harvard University, 1942.

用」都應該是最小的。最小作用量原理只是說，在任何運動中消耗的作用（用質量、速度和距離的乘積來衡量）將是最小的。

在最小作用量原理被提出之前，有很多類似的方法出現在測量學和光學。古埃及的拉繩測量者（rope stretcher）在測量兩點之間的距離時，會將固定於這兩點的繩索拉緊，這樣可以使間隔距離減少至最低值。托勒密在他的著作《地理學指南》（*Geographia*）第一冊第二章裡強調，測量者必須對直線路線的誤差做出適當的修正。古希臘數學家歐幾里得在《反射光學》（*Catoptric*）裡表明，將光線照射於鏡子，則光線的反射路徑的入射角等於反射角。隨後，亞歷山大的希羅證明這路徑的長度是最短的[015]。

理解這個原則的一個簡單方法是，在日常生活中，我們總是盡可能努力地節省時間和精力。為了實現這一目標，我們設計了工具，包括電腦和人工智慧。我們相信人類是地球上最聰明的物種，因為我們可以設計工具來節省時間和精力。

莫佩爾蒂發現，在物理世界中，在宇宙中發生的所有變化中，每個物體的速度與其移動距離的乘積之和是最小的。如圖 3.2 所示，如果你扔一塊石頭，它會找到最「經濟」的返回地球的路徑，可以應用最小作用量原理來計算它的路徑。莫佩

[015] Kline M. Mathematical thought from ancient to modern times[J]. New York: Oxford University Press, 1972, 167-68.

爾蒂從不懷疑他正在做大事。他在論文中提到：「運動和靜止的定律是從上帝的屬性中推導出來的。」然後，在對這個概念的一個奇怪的反轉中，他聲稱已經建構了一個證明上帝存在的證據。

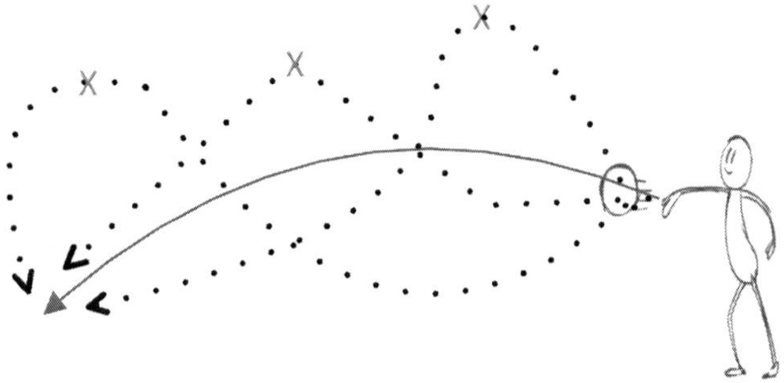

圖 3.2 石頭被扔出後的軌跡遵循最小作用量原理

從名字上就能直觀地體會最小作用量原理的意思。所謂作用量，是指一種衡量不同運動選擇的代價量 (Cost)。在經典力學裡面，作用量指從第一點到達另外一點花費的代價量。

自然界總是選擇使這個代價量最小的那條路徑。在其他領域中，這個作用量的具體形式需要經驗去探求。在不同的領域中，這個作用量的形式是不同的。

光在均勻的介質中走的是直線，而不是彎曲的軌跡，這是因為直線的距離是最短的。但是，光在非均勻介質中會發生折射，這是因為這樣能保證光行走的路程最短，從而用最少的時間到達。也就是說，光的折射方式是使得光在行走光程所需要的最短時間的那個路線。這個光程就是光傳播過程中的作用量，定義為路線長度和折射率的乘積。這就是費馬原理。

另外一個例子是一條細長的鏈條，其兩端被懸掛在同樣的水平高度。這條鏈條的形狀是怎樣的？智慧的大自然會讓這個系統的作用量 —— 重力勢能趨向最小。根據變分原理，可以求出這個鏈條的形狀，即所謂的「懸掛線」。

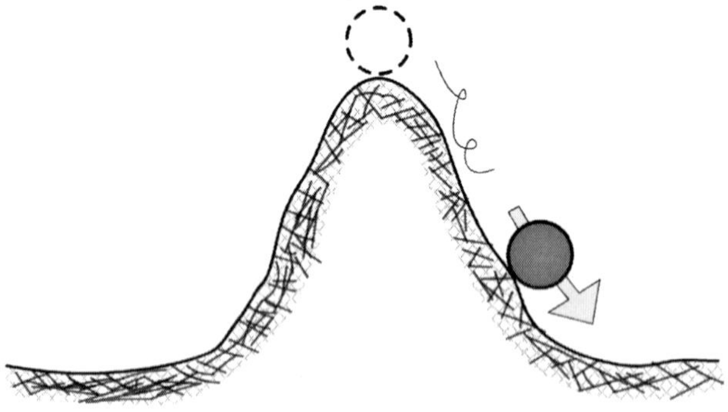

圖 3.3　石頭滾下山坡的過程

考慮一個簡單的例子來解釋這個原理。假設一塊石頭被放置在山頂上，如圖 3.3 所示，它將滾下山坡的一側。在這種簡單的自然現象中，一種解釋是重力與空氣和表面提供的阻力之間的平衡。這就是經典的牛頓物理學。另一種排除力概念的解釋依賴於這樣一個事實，即當石頭位於山坡的高點時，系統是不穩定的，在穩定狀態下，它們整個系統（石頭和地球）的勢能最小。

換句話說，石頭滾動是一種穩定系統的自然現象。透過採取行動最少的路徑，系統以比採取另一條路徑時更有效的速度穩定下來。在這個穩定的過程中，智慧自然而然地出現。

3.5

量子遙傳

「Beam me up」是影視劇《星艦迷航記》(*Star Trek*) 中最著名的臺詞之一。這是角色希望從遠端位置傳送回「企業號」宇宙飛船時發出的命令。

人類傳送目前僅出現在科幻小說中。在量子力學的次原子世界中，遙傳現在是可能的，儘管它不像電影中通常描述的那樣。具體來說，量子世界中的遙傳涉及資訊的傳輸，而不是物質的傳輸。

在量子遙傳中，粒子可以立即將其狀態「傳送」到兩個遙遠的糾纏粒子。2020 年 12 月，美國能源部科學辦公室國家實驗室費米實驗室的科學家及其合作夥伴首次展示了保真度大於 90%的持續、長距離 (44 公里光纖) 遙傳 [016]。

量子遙傳是利用量子糾纏的自然現象實現的，愛因斯坦稱之為「幽靈般的超距作用」。在量子糾纏中，量子物理學的基

[016] Hesla L. Fermilab and partners achieve sustained, high-fidelity quantum teleportation[J/OL]. Fermilab, 2020. https://news.fnal.gov/2020/12/fermilab-and-partners-achieve-sustained-highfidelity-quantum-teleportation/.

本概念之一是，一個粒子的性質會影響另一個粒子的性質，甚至當粒子相距很遠時這種影響也存在。例如，如果電子 A 和電子 B 糾纏在一起，透過改變其中一個粒子中的某些東西，它會立即影響另一個粒子 —— 實際上，甚至比光速更快，而不管兩個粒子之間的距離多遠。電子 A 可以在地球上，電子 B 可以在木星上。

量子粒子可以糾纏的事實使量子運電腦比經典電腦更強大。透過疊加儲存的資訊，可以以指數方式更快地解決某些問題。加深對糾纏的理解有助於解決實際問題和基本問題。糾纏可能是解決物理學中一些最基本問題的關鍵。

糾纏的原因是什麼？目前還沒有確切的答案。一些研究人員試圖從所涉及粒子的波函式角度來解釋它。一些研究人員用「守恆定律」來解釋量子糾纏。在這方面的研究中，通常認為兩個粒子因為受某種關係／資訊的束縛而糾纏在一起，資訊不能被破壞，如果其中一個糾纏粒子發生了變化，系統就不穩定，而另一個粒子需要發生變化才能使系統穩定。

第四章　化學現象的智慧

化學是科學的樞紐。一方面，它涉及生物學並為生命過程提供解釋；另一方面，它與物理學相結合，並為宇宙基本過程和粒子中的化學現象找到了解釋。

—— 彼得·阿特金斯（Peter Atkins）

秩序源於混亂。

—— 伊利亞·普里高津（Ilya Prigogine）

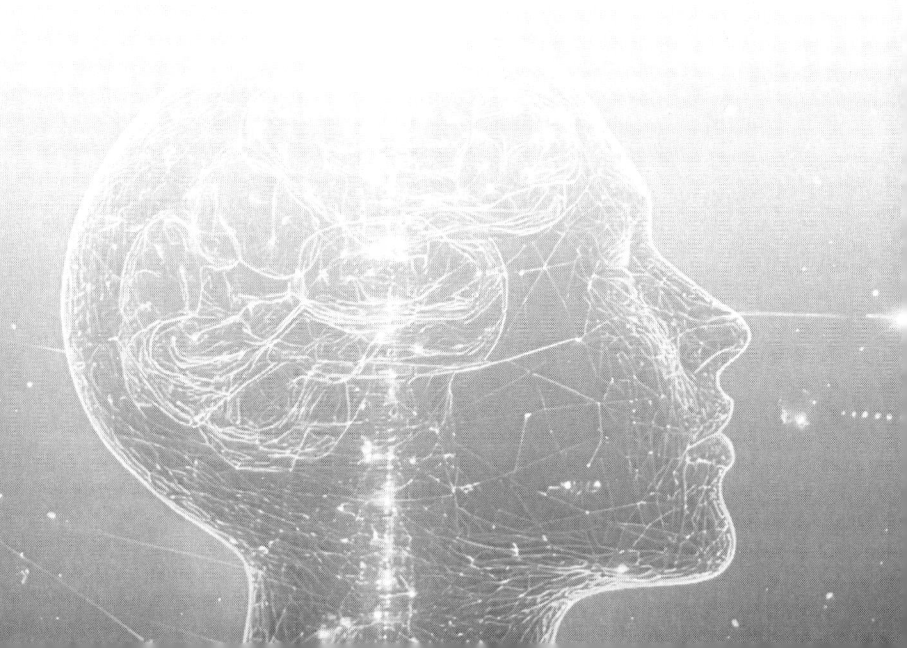

隨著抽象能力的進一步提高，智慧的故事還在繼續。隨著碳原子等原子中豐富資訊結構的出現，越來越複雜的分子開始形成。結果，物理學催生了化學，穩定宇宙的過程達到了一個新的程度。

在其學科範圍內，化學處於物理學和生物學的中間位置。

化學涉及諸如原子和分子如何透過化學鍵相互作用以形成新化合物等主題，包括它們的組成、結構、性質、行為，以及它們在與其他物質反應過程中所經歷的變化。

世界由物質組成，主要存在著化學變化和物理變化兩種變化形式（還有核反應）。

不同於研究尺度更小的粒子物理學與核物理學，化學研究原子、分子、離子（團）的物質結構和化學鍵、分子間作用力等相互作用。化學所在的尺度是微觀世界中最接近宏觀的，因而它們的自然規律也與宏觀世界中物質和材料的性質息息相關。化學作為溝通微觀與宏觀物質世界的重要橋梁，是人類認識和改造物質世界的主要方法和手段之一。人類的生活能夠不斷地改善和提高，化學在其中起到了重要的作用。我們依靠化學來烘焙麵包、種植蔬菜和生產日常生活材料。化學是雪花形成、香檳科學、花朵顏色及其他自然和技術奇蹟的基礎。

本章簡要回顧化學的發展過程，然後介紹一些在化學層面上使宇宙更加穩定的奇妙現象。可以看到，在化學層面上推動宇宙趨向穩定的過程中，智慧應運而生。

4.1

化學發展的簡要歷程

從開始使用火的原始社會，到使用各種人造物質的現代社會，我們都在享用化學成果。我們的祖先鑽木取火，利用火烘烤食物、驅趕猛獸、寒夜取暖，充分利用燃燒時的發光發熱現象，可以說是最早的化學實踐活動之一。燃燒就是一種化學現象。掌握了火以後，人類又陸續發現了一些物質的變化，比如在翠綠色的孔雀石等銅礦石上面燃燒火，會生成紅色的銅。這些經驗的累積和化學知識的形成引發了社會變革，促進了生產力的發展，推動了歷史的前進，同時也推動了化學的發展。

人類在逐步了解和利用這些物質的變化過程中，製造了對人類具有極大使用價值的產品。人類逐步學會了冶煉、製陶，又懂得了染色、釀造等。這些由天然物質加工改造而成的製品，成為古代文明的象徵。在這些生產實踐的基礎上，人類逐步掌握了一些化學知識。

從西元前 1500 年到西元 1650 年，化學伴隨著鍊金術、煉丹術發展 [017]。為求得象徵富貴的黃金或者長生不老的仙丹，

[017]　Alchemy Lab. History of alchemy[J]. Nature, 1937, 140(3535):188-189.

鍊金術士和煉丹家們做了大量的化學實驗，而後記載、總結鍊金術和煉丹術的書籍也相繼出現。雖然鍊金術士和煉丹家們都以失敗而告終，但他們在「點石成金」和煉製長生不老藥的過程中，探索了大量物質間用人工方法進行的相互轉變，累積了許多物質發生化學變化的現象和條件，為化學的發展累積了豐富的實踐經驗。當時出現的「化學」一詞，其含義便是「鍊金術」。

大約從 16 世紀開始，歐洲工業生產蓬勃興起，推動了冶金化學和醫藥化學的創立與發展，鍊金術和煉丹術轉向生活和實際應用。人們開始更加注意物質化學變化本身的研究。

在元素的科學概念建立後，透過對燃燒現象的精密實驗研究，人們建立了科學的氧化理論和質量守恆定律，隨後又建立了定比定律、倍比定律和亞佛加厥定律，為化學進一步科學的發展奠定了基礎。

1869 年，俄國科學家德米特里・門得列夫（Dmitri Mendeleev）提出的化學元素週期表大大促進了化學的發展[018]。門得列夫將當時已知的 63 種元素依原子量大小並以表的形式排列，把有相似化學性質的元素放在同一行，就是元素週期表的雛形。利用週期表，門得列夫成功地預測了當時尚未發

[018] Scerri E. The periodic table: its story and its significance[M]. Oxford University Press, 2019.

現的元素的特性（鎵、鈧、鍺）。1913 年，英國科學家莫色勒（Moseley）利用陰極射線撞擊金屬產生 X 射線，發現原子序數越大，X 射線的頻率就越高，因此莫色勒認為核的正電荷決定了元素的化學性質。他把元素依照核內正電荷（即質子數或原子序數）排列，經過多年修訂後才成為當代的元素週期表。

20 世紀以來，化學由定性往定量、宏觀往微觀、穩定態往準穩態發展，由經驗逐漸上升到理論，再用於指導設計和開拓創新的研究。一方面，為生產和技術部門提供盡可能多的新材料、新物質；另一方面，在與其他自然科學相互滲透的程式中不斷產生新學科，並向探索宇宙起源和生命科學的方向發展。

4.2

耗散系統：秩序源於混沌

看看圖 4.1 和圖 4.2 中顯示的美麗圖案。這些漂亮的圖案不是藝術家設計的，它們來自一些非生命物質的化學相互作用。所以，在設計圖案方面，非生命的化學物質可以比人類更智慧！

1952 年，英國數學家和計算機先驅艾倫．圖靈（Alan Turing）意識到，如果混合一些化學反應物，當某些引數超過閾值時，會出現靜止的、空間週期性的模式反應物的濃度現象，如圖 4.1 所示。

1950 年代，兩位俄羅斯科學家波利斯．別洛索夫（Boris Belousov）和阿那托爾．扎博廷斯基（Anatol Zhabotinsky）發現了著名的振盪化學反應（現在稱為 Belousov-Zhabotinsky 反應或簡稱 BZ 反應）。他們發現，鉀溴酸鹽、硫酸鈰（IV）、丙二酸和檸檬酸在稀硫酸中混合，鈰（IV）和鈰（III）離子的濃度比發生振盪，導致顏色發生變化，溶液在黃色和無色之間振盪。

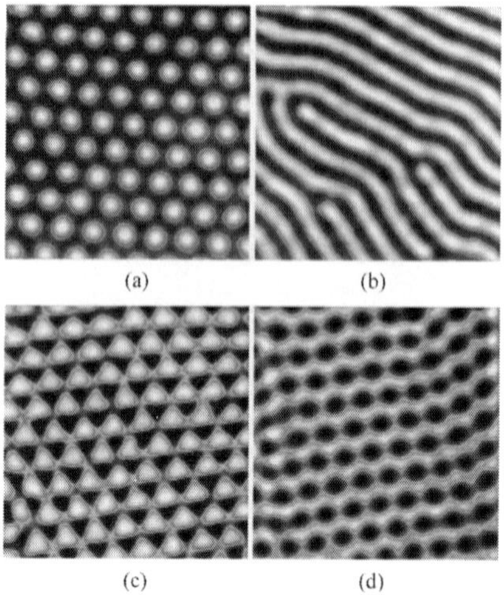

圖 4.1　透過亞氯酸鹽 - 碘化物 - 丙二酸反應獲得的不同對稱性的圖靈結構

注：暗區和亮區分別對應高碘和低碘濃度。

波長是動力學引數和擴散係數的函式，

約為 0.2mm。所有圖案的比例相同，

檢視尺寸 1.7mm×1.7mm（P. De Kepper 提供）。

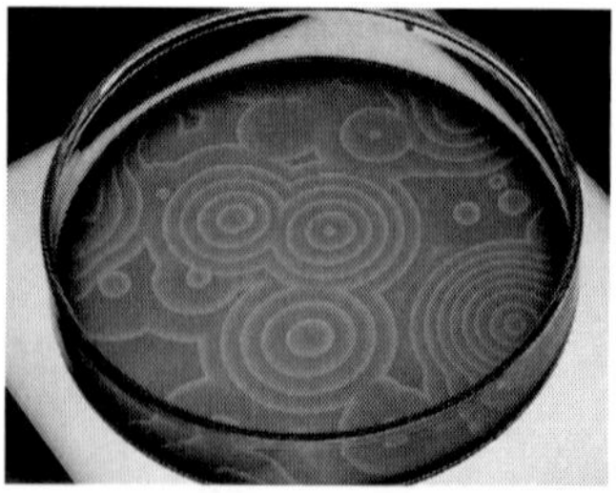

圖 4.2　Belousov-Zhabotinsky（BZ）反應導致的複雜時間和空間模式

（P. De Kepper 提供）

特別地，反應中間體和催化劑濃度的週期性變化對應於它們的幾何形狀、形式和顏色的逐漸變化 [019] [020]。圖 4.2 只是展示了這個動態過程的單次圖片。有興趣的讀者可以在網上搜尋「Belousov-Zhabotinsky 反應」，觀察這個美麗現象的影片。這一發現在應用物理化學領域引發了激烈的爭論。

時空結構的創造非常有趣，因為自組織秩序是從統一和混亂的初始狀態產生的，而自組織與智慧直接相關。

自組織發生在許多物理、化學、生物、機器人和認知系統中，特別是有趣的系統。生命、思想、燃燒、生態、交通、流行病、股票市場、行星環境、天氣、城市也具有這些特徵，這些特徵在物質、能量和資訊流動的情況下自發地出現 [021] [022]。

伊利亞·普里高津於 1969 年在國際「理論物理與生物學會議」上發表研究報告《結構、耗散和生命》，正式提出了耗散系統理論 [023]。普里高津是比利時物理化學家和理論物理學家。

---

[019] Belousov B P.Периодически действующая реакция и ее механизм[J]. Сборник рефератов по радиационной медицине, 1959, 147: 145.

[020] Winfree A T.The prehistory of the belousov-zhabotinsky Oscillator[J]. Journal of chemical education, 1984, 61(8):661-663.

[021] Camazine S.Self-organization in biological systems[M]. Princeton: Princeton University Press, 2003.

[022] Crommelink M, Feltz B, Goujon P. Self-organization and emergence in life sciences[M]. Heidelberg: Springer, 2006.

[023] Prigogine I. Structure, dissipation and life. Theoretical Physics and Biology[M]. Amsterdam: North-Holland Publ. Company, 1967.

普里高津於 1917 年 1 月 25 日生於莫斯科，1921 年隨家旅居德國，1929 年定居比利時，1949 年加入比利時國籍。耗散系統理論是布魯塞爾學派 20 多年從事非平衡熱力學和非平衡統計物理學研究的重大成果。普里高津和他的同事在建立耗散系統理論時深入研究了 B-Z 化學波、瑞立 - 貝納德對流、化學振盪反應及其他生物學演化週期等自發出現有序結構的本質。他們使用「自組織」的概念描述了那些形成有序結構的過程，從而在「存在」和「演化」之間構架了一座科學的橋梁。普里高津由於這一重大貢獻，榮獲 1977 年的諾貝爾化學獎。

普里高津認為，在沒有秩序的非平衡狀態下，能量和物質的波動可以從混沌中產生秩序 [024]。耗散系統中空間構型和時間節律的產生是一種稱為「漲落有序」的現象。他認為以牛頓的經典物理學為代表的近代科學，描述的是一個像鐘錶一樣的自然界，一個永無發展的靜態世界，一個存在絕對化和相對靜止的世界。在牛頓經典物理學中，把時間引數 t 換為 -t 有相同的結果，時間可逆，過去和未來看來沒有實質性的區別。

然而，近代的熱力學成果正如熱力學第二定律指出的，一個封閉系統只會自發地熵增，走向無規無序 [025]（在下面會有介紹）。

---

[024]　Prigogine I. Time, structure and fluctuations[J]. Science, 1978, 201(4358): 777-785.

[025]　王竹溪。熱力學 [M]。北京：北京大學出版社，2005。

這揭示的是一個時間有方向、不斷演化的世界。比如，生物演化論也告訴我們，世界處於不斷的發展之中，時間之箭不可逆地指向未來。

耗散系統理論的物理內涵可以理解為：一個遠離平衡態的非線性的開放系統（如物理的、化學的、生物的，乃至社會或經濟的系統）不斷地與外界交換物質和能量，在系統內部某個參量的變化達到一定的閾值時，透過漲落，系統可能發生突變，即產生非平衡相變，由原來的混沌無序狀態轉變為一種在時間上、空間上或功能上的有序狀態。這種在遠離平衡的非線性區形成的新的穩定的宏觀有序結構，需要不斷與外界交換物質或能量才能維持，因此稱之為「耗散系統」。

發生耗散系統的根本原因是什麼？一個可能的原因是，類似於第 3 章中討論的最少作用量路徑，耗散系統使系統能夠以比採用另一種結構（或沒有結構，即混沌）時更有效的速率穩定。這再次表明，智慧在這個穩定過程中自然出現。

事實上，它表明系統的熵以比耗散系統不存在時更快的速度增加[026]。一般來說，如果忽略細節，可以簡單理解為，系統中的熵增加意味著系統正在從不穩定狀態轉變為更穩定的狀態。從這個意義上說，「耗散系統」應稱為「促進穩定的結構」。

[026] Demirel Y, Gerbaud V. Nonequilibrium thermodynamics[M]. 4th ed. Amsterdam: Elsevier, 2019.

4.3

熵增：時間之箭

由於智慧顯然與「秩序」有關，如上面的討論所示，在系統中測量（即量化）「秩序」或「無序」是很有必要的。熵是一個抽象的概念，用來描述「秩序」的程度。熵越大，「秩序」越小。熵其實並不神祕，和長度、重量一樣，是用來量東西的。熵用來衡量無序，就是一個東西有多亂。

熵的概念是由德國物理學家魯道夫·克勞修斯（Rudolph Clausius）於西元 1865 年引入的[027]，他是熱力學領域的主要創始人之一。熱力學的最初範圍是機械熱機，那時熵僅僅是一個可以透過熱量改變來測定的物理量，其本質仍沒有很好的解釋，直到統計物理、資訊理論等一系列科學理論發展，熵的本質才逐漸被解釋清楚，即熵是一個系統「內在的混亂程度」。熵後來擴展到化合物和化學反應的研究。熵被用於各種領域，從最初被認可的經典熱力學，到化學和物理學、生物系統及其與生命的關係、宇宙學、經濟學、社會學、天氣科學、氣候變

[027] Brush S G. The kind of motion we call heat: a history of the kinetic theory of gases in the 19th century[M]. Amsterdam:Elsevier, 1976: 576-577.

化，以及資訊系統，包括在手機和網際網路中傳輸資訊[028]。

理解熵概念的一種簡單方法是廚房的例子。假設廚房已經被打掃乾淨，所有東西都整理好，幾天後，如果不清理它，因為隨手亂扔東西，廚房就會變得一團糟，如圖 4.3 所示。熵用於衡量「秩序」，圖 4.3（b）的熵比圖 4.3（a）的熵大。

一個乾淨的廚房　　**幾天後凌亂的廚房**

圖 4.3　廚房的例子

熱力學第二定律說，任何孤立系統的熵總是增加的。孤立的系統自發地向平衡 —— 系統的最大熵狀態演化。更簡單地說，宇宙（最終孤立系統）的熵只會增加（或至少保持不變）而不會減少。史蒂芬·霍金（Stephen Hawking）說過，「無序或熵的增加是區分過去和未來的東西，為時間指明方向。」[029]

當您閱讀本書時，熵就在您身邊。熱茶中的熱量正在擴

---

[028]　Wehrl A. General properties of entropy[J]. Reviews of modern physics, 1978, 50(2): 221-260.

[029]　Hawking S W. A brief history of time[M]. USA: Bantam Dell Publishing Group, 1988.

散，體內的細胞正在死亡和退化，地板變得越來越髒，犯罪正在發生……等等。

熵基本上是一個機率概念。因為一個系統通常由許多元件組成（如體內的細胞、房間中的物品和咖啡中的分子）。對於系統的每一種可能的「有用有序」狀態，都有許多更多可能的「無序」狀態。我們可以用一個簡單的數學計算來描述。假設圖 4.3 中的廚房中有 20 件物品，有 50 個可以放置物品的位置，透過排列組合的數學知識，可以計算出總的放置可能性為

$$C_{50}^{20}=\frac{50!}{20!30!}\approx 4.71\times 10^{13}$$

如果「有序」被定義為圖 4.3 中每件物品對應於唯一的放置位置，其餘都統稱為「無序」。那麼「有序」在所有放置可能性中的占比，即「有序」出現的機率是非常小的，幾乎為不可能事件；相比之下，「無序」幾乎為必然事件，所以「有序」很容易變為「無序」，即

$$\text{「有序」的機率}=\frac{1}{4.71\times 10^{13}}\approx 0$$

熵越大，意味著發生的可能性越大。而整個宇宙，自發地朝著可能性更大的方向，也就是熵更大的方向在發展。因此，

熵增定律可以用以下方式重新表述：一個狀態有可能演變成一個更有可能的狀態，也就是更穩定的狀態。

以這種方式表述，熱力學第二定律幾乎變成了一個微不足道的陳述。在這裡，假設狀態的相對機率取決於可以從其基本元件構造它的方法的數量。比如把一種氣體的分子放到房間角落的一個位置只有一種方法，但是有很多方法可以使它們均勻分布，所以它們都是分散的。這意味著隨著時間的推移，聚集的分子可能會演變成均勻分布的分子，因此熵增加。

近年來，為了使化學和物理中的熵概念易於理解，人們從「有序」和「無序」這兩個詞轉向了「傳播」和「散布」等詞。

在這些系統中，熵衡量的是在一個過程中分散了多少能量或它變得多麼廣泛。從機率的角度來看，能量分散的方式比集中的方式更多。因此，能量被分散。最終，系統達到熵最大的稱為「熱力學平衡」的狀態，其中能量均勻分布，系統穩定。

從「梯度」的角度來看，非平衡系統在一定距離上（如能量、溫度、質量、資訊等方面）存在差異。由於梯度，系統是不穩定的。例如，一杯熱咖啡和周圍環境是有溫差的，這杯熱咖啡最終會和它所在的房間溫度相同。另外，只要不理會系統，這個過程是不可逆的。變涼的咖啡不會自動變熱。

4.4

最大熵產生

自 19 世紀中葉以來，孤立系統的熵趨於最大值的趨勢（熱力學第二定律）就已為人所知。就熵產生而言，這意味著熵產生大於或等於 0。

最近，大量的理論和應用研究顯示，熵產生的過程應該是最大化的 [030]。這個原理被稱為最大熵產生原理（Maximum Entropy Production Principle，MEPP）。MEPP 顯然代表了新的發現，這意味著熵產生不僅是正的，而且趨於最大值。因此，除遵循熱力學第二定律的演化方向外，還有關於系統運動速率的資訊。

與第 3 章中描述的最少作用量原則類似，MEPP 展示了另一個大自然採用最簡單和最容易的路徑的例子，因此，過程在最短的時間內完成得非常快。宇宙的發展是為了盡快達到最終狀態，而有序系統的出現則更有效率地實現了這一過程。

同樣，智慧在這個過程中自然出現。

---

[030] Martyushev L M, Seleznev V D. Maximum entropy production principle in physics, chemistry and biology[J]. Physics reports, 2006, 426(1): 1-45.

MEPP 在不同觀測尺度（微觀和宏觀）的物理、化學或生物起源的各種系統的研究中得到證實，包括大氣、海洋、晶體生長、電荷轉移、輻射、生物演化。例如，類似於 MEPP 的原理在很久以前也出現在理論生物學中。1922 年，阿爾弗雷德·洛特卡（Alfred J. Lotka）提出，演化的方向是使透過系統的總能量通量達到最大值與約束相容[031]。換句話說，最有效地利用部分可用能量流（在所有其他條件相同的情況下）進行生長和生存的物種將增加其種群數量，因此透過系統的能量流將增加。

[031] Lotka A J. Contribution to the energetics of evolution[J]. Proceedings of the national academy of sciences of the United States of America, 1922, 8(6): 147-151.

第四章　化學現象的智慧

第五章　生物學的智慧

生物學是對複雜事物的研究，這些事物看起來像是為某種目的而設計的。

——理查・道金斯（Richard Dawkins）

智慧取決於一個物種在做它們生存所需的事情方面的效率。

——查爾斯・達爾文（Charles Darwin）

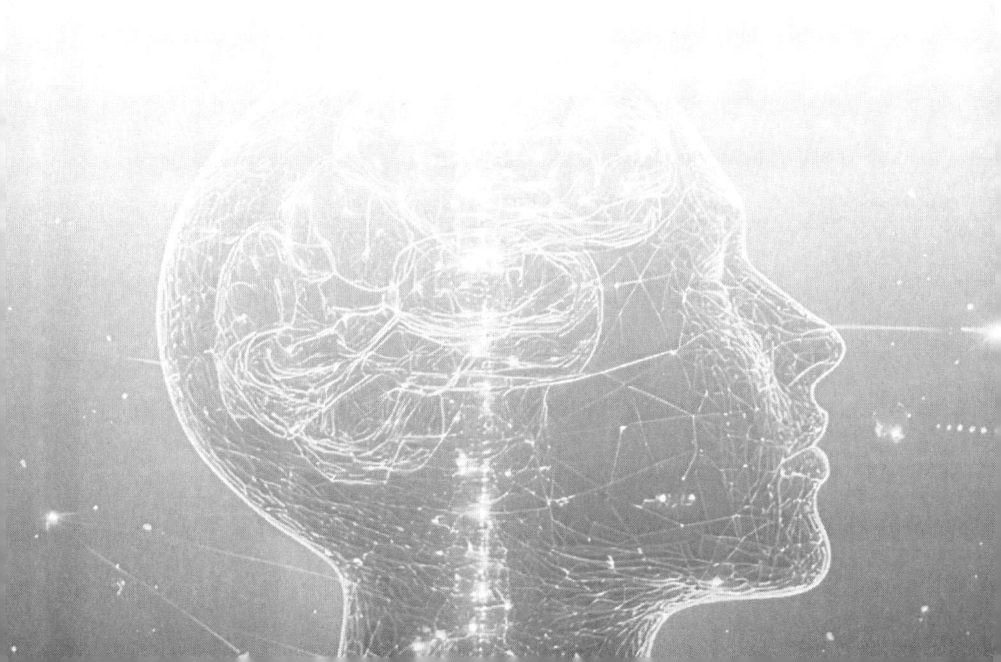

地球仍然是宇宙中唯一已知孕育生命的地方。地球上最早出現生命形式的時間至少是 37.7 億年前，可能早在 44.1 億年前——距 45 億年前海洋形成後不久，以及 45.4 億年前地球形成後不久。結果，化學催生了生物學。

生物學是研究生物（包括微生物、植物和動物）的結構、功能、發生和發展規律的科學。地球上現存的生物有 200 萬～450 萬種。已經滅絕的生物種類更多，推測至少有 1,500 萬種。從深海到高山，從北極到南極，從高溫的熱帶到寒冷的凍原，都有生物存在。它們生活方式變化多端，具有多種多樣的形態結構。

本章首先簡要介紹對於「生命是什麼」這個基本問題的探索過程，然後介紹一些對於「生命為什麼會存在」這個問題的研究，最後介紹微生物中的智慧、植物中的智慧和動物中的智慧現象。我們可以看到，在生物層面上推動宇宙趨向穩定的過程中，生物的智慧應運而生。

5.1
生命是什麼

如第 4 章所述，在一個受熱力學第二定律支配的物理和化學的世界中，所有孤立的系統都有望接近最大無序狀態。

地球上的生命保持高度有序的狀態，從最原始的無細胞結構狀態演化為有細胞結構的原核生物，從原核生物演化為真核單細胞生物，然後按照不同方向發展，出現了真菌界、植物界和動物界。植物界從藻類到裸蕨植物再到蕨類植物、裸子植物，最後出現了被子植物。動物界從原始鞭毛蟲到多細胞動物，從多細胞動物到脊索動物，進而演化出高等脊索動物 —— 脊椎動物。脊椎動物中的魚類又演化到兩棲類再到爬行類，從中分化出哺乳類和鳥類，哺乳類中的一支進一步發展為高等智慧生物，這就是人。

可以看到，生物從單細胞到多細胞、從低等到高等、從簡單到複雜、從水生到陸生，不斷發展演化。有人認為這似乎違反了熱力學第二定律，暗示存在悖論。

其實這不是悖論。儘管在封閉系統中熵必須隨時間增加，但開放系統可以透過增加周圍環境的熵來保持其低熵。

生物圈是一個開放的系統。1944 年，物理學家埃爾溫·薛丁格（Erwin Schrödinger）在其專著《生命是什麼？》（*What Is Life?*）中指出，這是一個生物，從病毒到人類，必須做的事情。

這本書主要從下面三方面來論述：一是從資訊學的角度提出遺傳密碼的概念，提出大分子 —— 非週期性晶體作為遺傳物質（基因）模型；二是從量子力學的角度論證基因的永續性和遺傳模式的長期穩定性的可能性；三是提出生命「以負熵為生」，從環境中抽取「序」來維持系統的組織的概念，這是生命的熱力學基礎[032]。

有機體內部秩序的增加遠遠超過由於熱量散失到環境中而導致生物體外部的紊亂。透過這種機制，遵循熱力學第二定律，生命保持高度有序的狀態。例如，植物吸收陽光，用它來製造糖分，並射出紅外光，這是一種不那麼集中的能量形式。在這個過程中，宇宙的整體熵增加。高度有序的結構植物不會腐爛，植物的智慧在這個穩定過程中自然顯現。

---

[032]　Schrodinger E. What is Life? The physical aspect of the living cell[J]. American naturalist, 1967, 1(785): 25-41.

5.2
生命為什麼存在

一個深刻而古老的問題是「宇宙中生命的出現是極不可能發生的事件，還是不可避免的事件？」換句話說，生命是由上帝或神創造的，是偶然發生的，還是自然現象的可預測和不可避免的結果？關於這個問題，已經爭論了很長時間，至今沒有定論。但人們至少有一個確認的事實，就是組成生命的化學物質中，沒有特殊的元素。無論是鮮花還是人參，螞蟻還是大象，抑或是普通人或愛因斯坦，構成生命的基本化學元素都是碳、氫、氧、氮這四種，還需要一點點其他元素，主要是磷、硫、鈣和鐵。

有些科學家認為，如果地球回到最初的原點，重新演化地球生命的歷史，將會產生截然不同的新物種；然而反對者認為，生命的演化在相當程度上是地球條件發展到一定階段的產物，雖然有所差異，但是相差不會太大。

5.2.1　化學演化學說

有些人認為地球上的生命是一個偶然發生的事件，它是由一束閃電在原始混沌湯中發生分子碰撞而產生的。生命起源於原始地球條件下從無機到有機、從簡單到複雜的一系列化學演化過程。

該假設基於達爾文演化論是自然界中唯一的適應方式，其複雜性和多樣性可以透過隨機基因突變和自然選擇來解釋。由於適應性變化需要基因，生命的出現一定是偶然的結果，而不是演化過程。

蛋白質和核酸等生物分子是生命的物質基礎。這些生命物質對於生命的起源至關重要。該假設認為在沒有生命的原始地球上，由於自然的原因，非生命物質由於化學作用，產生出有機物和生物分子。因此，生命起源問題首先是原始有機物的起源問題和這些有機物的早期演化。在化學反應的過程中，先造就一類化學材料，然後這些化學材料構成了氨基酸、糖等通用的「結構單元」，蛋白質和核酸等生命物質就來自這些「結構單元」的各種組合。

1922 年，生物化學家亞歷山大．奧巴林（Alexander Oparin）提出了一種化學演化的假說 [033]。他認為原始地球上的某

[033]　Oparin A I. The origin of life[M]. London: Weidenfeld & Nicolson, 1967: 199-234.

些無機物，在來自太陽輻射、閃電能量的作用下，變成了第一批有機分子。他提出，在原始「營養湯」中，多肽、多核苷酸和蛋白質等大分子會凝聚成團聚體，這些浸在鹽類和有機物中的團聚體可以和外界環境不斷進行能量和物質的交換，透過「自然選擇」，新陳代謝的催化設備日臻完善，核苷酸和多肽之間的密碼關係逐步確立，最後由量的累積發生質的飛躍，誕生生命。

1953 年，美國學者史丹利·米勒（Stanley Miller）進行了模擬實驗，首次用實驗驗證了奧巴林的這一假說 [034]。米勒模擬原始地球上當時的大氣成分，用氫、甲烷、氨和水蒸氣等，透過火花放電和加熱，合成了有機分子氨基酸。

繼米勒實驗之後，許多模擬原始地球大氣條件的實驗又合成出了其他組成生命體的重要生物分子，如脫氧核糖、核糖、核苷、核苷酸、脂肪酸和脂質等。

1965 年和 1981 年，中國人工合成出了胰島素和酵母丙氨酸轉移 RNA[035]。蛋白質和核酸的形成是由無生命到有生命的轉捩點。一般說來，生命的化學演化過程包括四個階段：從無機小分子生成有機小分子，從有機小分子形成有機大分子，從

---

[034] Miller S L. A production of amino acids under possible primitive earth conditions[J]. Science, 1953, 117(117): 528-529.

[035] 胡永暢，蔣成城，陳常慶，等。全合成胰島素和丙氨酸轉移核糖核酸的決策和組織 [J]. 生命科學，2015，27(6): 7.

有機大分子組成能自我維持穩定和發展的多分子體系，從多分子體系演變為原始生命。

化學演化學說不能很好解釋的一個難題是：在生命起源前的原始地球環境裡，自然界如何把生物小分子（氨基酸、核苷酸）變成生物大分子（蛋白質、核酸）？正如《生命起源的奧祕：再評目前各家理論》（*The Mystery of Life's Origin: Reassessing Current Theories*）指出：「我們在合成氨基酸方面的成就有目共睹，但合成蛋白質和 DNA 卻始終失敗，兩者形成了強烈的對照。」科學發展到今天，雖然我們能以極大的效率在實驗室利用機器合成出需要的生物大分子，但是在生命起源前環境裡的合成實驗卻很難成功[036]。

5.2.2　生命起源的必然性假說

與化學演化學說相反的觀點，稱為「生命起源的必然性假說」，該學說假設存在一些因素，原子和分子的隨機運動受到限制，從而不可避免地保證了在條件允許的情況下生命的出現。生物系統之所以能夠出現，是因為它們能夠更有效地傳播或耗散能量，從而增加宇宙的熵，使宇宙更加穩定。這個過程

[036]　Thaxton C B, Bradley W L, Olsen R L. The mystery of life's origin: reassessing current theories[J]. Biochemical society transactions, 1984, 13(4): 797-798.

類似於第 4 章描述的化學中的「秩序從混沌中產生」現象。

1995 年，諾貝爾獎得主生物學家克里斯蒂安·德·迪夫（Christian René de Duve）在其著作《生物決定論：人類一定會出現在地球上嗎？》（*Vital Dust-The Origin and Evolution of Life on Earth*）中提出了這一觀點。他在大膽的推測中展示了地球上令人敬畏的生命全景，從第一個生物分子到人類思想的出現和物種的未來。他在書中反對生命起源於一系列意外的觀點，也沒有援引上帝、目標導向的原因或生機論（Vitalism），後者將生物視為由生命精神激發的物質。相反地，在生物化學、古生物學、演化生物學、遺傳學和生態學的非凡綜合中，他主張一個有意義的宇宙，其中生命和思想因為當時的條件不可避免地和確定性地出現[037]。從一個單細胞生物開始（類似於現代細菌），3.8 億年的時間裡，地球上出現了所有形式的生命。他描繪了七個連續的時代，對應於日益複雜的程度。他預測物種可能會演化成一個「人類蜂巢」或行星超有機體，在這個社會中，個人會為了所有人的利益而放棄一些自由；或者，他設想人類會被另一個智慧物種取代。這本書出版後，聖菲研究所（SFI，Santa Fe Institute）和麻省理工學院研究生命起源的科學家們認為，他的立場應該被人接受。

---

[037] de Duve C. Vital Dust: The origin and evolution of life on earth[M]. Basic Books, 1995.

2016年，艾瑞克．史密斯（Eric Smith）和哈羅德．莫羅維茨（Harold J. Morowitz）在他們的書中提出，地球上的生命最初出現是由於無生命物質受到地球地熱活動產生的能量流的驅動，類似於火山和地球內部發生的能量流[038]。生命是自由能累積的必然結果，大概是在海洋中的熱液噴口等區域。

生命形成了一種管道，就像水流下山一樣自然，透過更有效的消散來緩解能量失衡。就像下山的水在山坡上雕刻的通道隨著時間的推移逐漸變深一樣，由能量流動雕刻的代謝途徑也得到了加強。生物只是大自然更有效的消散能量、緩解能量失衡、增加宇宙熵從而穩定宇宙的方式。

導致生命的自組織過程涉及一系列「相變」，而不是單個步驟。相變是系統結構整體安排的整體變化。我們可以把人類認知革命的出現想像成一個相變，其中智人（人類的祖先）與其他動物區別開來。隨著一系列的相變，生物有了更複雜的排列，特別是那些能更好地釋放自由能和穩定宇宙的安排。

麻省理工學院的傑瑞米．英格蘭（Jeremy England）教授和他的團隊以同樣的「生命必然性」學派概述了一個基本的演化過程，稱為「耗散適應」，其靈感來自普里高津的基礎工作。

---

[038] Smith E, Morowitz H J. The origin and nature of life on earth:the emergence of the fourth geosphere[M]. Cambridge: Cambridge University Press, 2016.

在他們的論文[039] [040]中，他們確切地展示了一個簡單的無生命分子系統（與生命出現之前存在於地球上的分子系統相似）如何重新組織成一個統一的結構，當無生命分子系統受到撞擊時表現得像一個活的有機體。這是因為系統必須耗散所有能量以緩解能量不平衡。透過化學反應代謝能量以發揮功能的生物系統提供了一種有效的方法來做到這一點。他們學生的模擬結果直觀地描述了當能量流過物質時，這樣一個複雜的系統是如何從簡單的分子中產生的。這很像在排水槽中不可避免地出現的漩渦。

雖然英格蘭的研究只是模擬，但實際使用物理材料的實驗證明了相同的現象。2013 年，日本科學家的研究顯示，簡單地將光（能量流）照射在一組銀奈米粒子上，就可以使它們組裝成更有序的結構，從而可以有效地從光中耗散更多的能量[041]。2015 年，另一個實驗證明了宏觀世界中的類似現象[042]。當導電珠放入油中並受到來自電極的電壓衝擊時，這

[039] Kachman T, Owen J A, England, J L. Self-organized resonance during search of a diverse chemical space[J]. Physical review letters, 2017, 119(3): 38-41.

[040] Horowitz J M, England J L. Spontaneous fine-tuning to environment in many-species chemical reaction networks[J]. Proceedings of the national academy of sciences, 2017, 114(29):7565-7570.

[041] Ito S, Yamauchi H, Tamura M, et al. Selective optical assembly of highly uniform nanoparticles by doughnut-shaped beams[J]. Scientific reports, 2013, 3(1): 1-8.

[042] Kondepudi D, Kay B, Dixon J. End-directed evolution and the emergence of energy-seeking behavior in a complex system[J]. Physical review E statistical nonlinear & soft matter physics, 2015, 91(5): 050902.

些導電珠形成了複雜的集體結構，具有「蠕蟲狀運動」，只要能量流過系統，這種運動就會持續存在。作者評論說，該系統「表現出如下特性」類似於「我們在生物體中觀察到的那些」。

換句話說，在適當的條件下，用能量撞擊一個無序的系統將導致該系統自組織並獲得與生命相關的屬性。

這種趨勢不僅可以解釋生物的內部秩序，還可以解釋許多無生命結構的內部秩序。雪花、沙丘和湍流漩渦都有一個共同點，即它們都具有某種耗散過程驅動的多粒子系統中出現的引人注目的圖案結構。

5.2.3　自我複製

自我複製（或自我繁殖）是生命的另一個顯著特徵，它推動著地球上生命的演化。這個特徵也可以用「生命必然性」假設來解釋。隨著時間的推移消耗更多能量的一個好方法是製作更多自己的副本。

科學家們已經觀察到非生物的自我複製。加州大學柏克萊分校的菲利普·馬庫斯（Philip Marcus）及其團隊在《物理評論快報》中報導，湍流流體中的渦旋會自發地發生透過從周圍流體的剪應力中汲取能量來複制自己[043]。哈佛大學的麥可·布

[043] Marcus P S, Pei S, Jiang C H, et al. Three-dimensional vortices generated by self-

倫納（Michael Brenner）和他的合作者展示了自我複製的微觀結構的理論模型 [044]，這些特殊塗層的微球簇透過將附近的球體纏繞成相同的簇來耗散能量。

基於生物和非生物都可以有內在的秩序並且可以自我複製的事實，我們可以看到生物和非生物之間的區別並不明顯，所有這些都只是有助於穩定宇宙。

5.2.4 碎形幾何結構

為了有效地穩定宇宙，智慧自然會產生。生物系統中最令人驚奇的結構之一是碎形幾何。客觀自然界的許多自然和生物系統中具有自相似的「層級」結構，在一些理想的情況下，甚至具有無窮層級。當適當放大或縮小事物的幾何尺寸時，整個層級的結構並不改變。不少複雜的物理、化學和生物現象，背後反映著這類層級結構的碎形幾何學。碎形幾何出現在需要效率的自然和生物系統中，例如微血管網路、肺泡結構、大腦表面積、穗狀花序或樹上葉子的分枝模式。

碎形對象是複雜的結構，使用簡單的程式建構，涉及的資

replication in stably stratified rotating shear flows[J]. Physical review letters, 2013, 111(8): 697-711.

[044] Zeravcic Z, Brenner M P. Self-replicating colloidal clusters[J]. Proceedings of the national academy of sciences, 2014, 111(5):1748-1753.

訊很少。對於生物來說，這具有明顯的利益，因為它們必須透過最經濟的方式實現最有效的結構，以實現多個目標[045]。令人驚訝的是，可以開發基於碎形幾何演算法的數學函式來模擬它們。

一個很好的碎形幾何的例子是羅馬花椰菜，如圖 5.1 所示，這是一件複雜的藝術作品和數學奇蹟。整個頭部由模仿較大頭部形狀的較小頭部組成，而每個較小的頭部又由更小的、相似的頭部組成。它繼續前進，前進，前進……花椰菜呈現出一種不同尋常的器官排列方式，多個層級的許多螺旋狀組織嵌套在一起。

圖 5.1　羅馬花椰菜的碎形結構

[045] Calkins J. Fractal geometry and its correlation to the efficiency of biological structures [J]. Honors projects, 2013: 205-208.

1975 年，數學家本華．曼德博（Benoit Mandelbrot）提出了「碎形」這個詞[046]。描述碎形的最好方法是考慮它的複雜性，碎形是無論放大或縮小多少，形狀都保持相同的複雜性。碎形幾何學是一門以不規則幾何形態為研究對象的幾何學。簡單地說，碎形就是研究無限複雜具備自相似結構的幾何學。

在傳統幾何學中，我們研究對象為整數維數，比如，零維的點、一維的線、二維的面、三維的立體乃至四維的時空。相比之下，碎形幾何學的研究對象為非負實數維數，如 0.83、1.58、2.72（參見康托爾集）。因為它的研究對象普遍存在於自然界中，因此碎形幾何學又被稱為「大自然的幾何學」。碎形幾何是大自然複雜表面下的內在數學秩序。

數學意義上碎形的生成基於一個不斷疊代的方程式，即一種基於遞迴的回饋系統。碎形有幾種類型，可以分別依據表現出的精確自相似性、半自相似性和統計自相似性來定義。

雖然碎形是一個數學構造，但是它同樣可以在自然界中被找到，這使得它被劃入藝術作品的範疇。碎形在醫學、土力學、地震學和技術分析中都有應用。

[046] Mandelbrot B. The fractal geometry of nature[M]. New York:W H Freeman, 1982.

5.3

微生物的智慧

5.3.1　微生物

微生物是肉眼難以看清，需要藉助光學顯微鏡或電子顯微鏡才能觀察到的一切微小生物的總稱。微生物包括細菌、病毒、真菌和少數藻類等。因為不同的環境所致，它們形態各異。宇宙中的生物，第一個出現的便是微生物，有了它們，才有了後面的植物、動物乃至現在的人類。可就算是有了人類，它們也並沒有就此滅絕。

微生物從一開始的原核生物，演化到後來的真核生物，從沒細胞核，演化到有細胞核。微生物結構簡單，透過分裂繁殖，極其迅速。有些微生物一天內甚至可以繁殖幾十代，它們代謝也很快。正是這種驚人的繁殖速度，還有低要求的生存狀態，導致微生物得以活到現在且在地球上無處不在。

微生物對人類影響之一是導致傳染病的流行。在人類的疾病中，有很多是由病毒引起的。微生物導致人類疾病的歷史，也就是人類與之不斷鬥爭的歷史。雖然在微生物導致疾病的預防和治療方面，人類取得了長足的進展，但是新現和再現的微生物感染還是不斷發生。至今，大量的病毒性疾病一直缺乏有效的治療藥物。人類對一些疾病的致病機制並不清楚。大量的廣譜抗生素的濫用造成了強大的選擇壓力，使許多菌株發生變異，導致抗藥性增強，人類健康受到新的威脅。

一些分節段的病毒之間可以透過重組或重配發生變異，最典型的例子就是 2020 年年初開始全球流行的新型冠狀病毒。

人們所認為不「智慧」的病毒，卻奪走了無數「智慧人類」的生命。

5.3.2 智慧的黏菌

微生物非常智慧。例如，黏菌（slime mold）作為一種單細胞生物，它們表現出來的智慧讓人難以想像。普林斯頓大學的約翰．泰勒．邦納（John Tyler Bonner）曾這樣評價黏菌：「只不過是包裹在薄薄的黏液鞘中的一袋變形蟲，但它們卻有與擁有肌肉和神經的動物（即簡單的大腦）相同的各種行為。」它們不但會走迷宮，有學習能力，甚至還能模擬人造交通網路布局。而這一切，竟全都建立在黏菌沒有神經系統、沒有大腦的前提下。

黏菌的智慧首先得到人們的關注，是從一個著名的黏菌迷宮實驗開始的。2000 年，日本仲垣（Nakagaki）等科學家們設定了這麼一個有趣的實驗 [047]。他們將黏菌培養在一個迷宮中，在迷宮的起點和終點處，都放了一些黏菌們最喜愛的食物燕麥。在迷宮中，一共有 4 條長短不一的路線，可以連結到這兩個燕麥食物源。

在實驗開始，研究人員發現黏菌會伸展自己的細胞質，覆蓋住幾乎整個迷宮平面。而在複雜的迷宮裡面，完全沒能阻礙它們的智慧。只要黏菌發現了食物，它們就開始慢慢縮回多餘的部分，最後只剩下最短的路徑。

在實驗中，黏菌們都像商量好了似的，總是毫不猶豫地選出那條消耗體力最少、又能獲得食物的道路。

如果你覺得黏菌會走迷宮還不算厲害，它們還有更強的智慧。比走迷宮複雜上無數倍的路況，都難不倒它們找出「最優解」。

2004 年，研究人員在上面這個實驗基礎上，設計了一個新的實驗來考驗黏菌。在新的實驗中，研究人員在平面上隨機放置多個食物源，考驗黏菌是否還能找出覓食多個食物源的最優路徑。在這個問題中，關鍵是應該建立怎麼樣的線路，才能確保消耗最少的能量，又能吃全這些燕麥呢？最終，黏菌果然

---

[047] Nakagaki T, Yamada H, Tóth Á. Maze-solving by an amoeboid organism[J]. Nature, 2000, 407: 470.

不負眾望。它們連結各點所形成的網路，幾乎就是工程裡的最佳路徑。

別以為找到最佳路徑很簡單，這個問題可蘊含著極其複雜的組合最佳化問題，並且問題的複雜程度隨著節點數的增加以指數形式增加。不難想像，在現實世界中設計一個交通網路到底得有多困難，但是黏菌真正厲害的地方是，它們能綜合考慮各方面的情況，它們找到的路徑不是最短的，而是最優的。

有了上面兩個實驗，研究人員進一步想能否讓黏菌設計更加複雜的網路，整個日本東京地區的鐵路網！

我們知道，東京地區的鐵路系統是世界上最高效且布局最合理的鐵路系統之一。工程技術人員花費了大量的人力物力才設計出來。然而黏菌這種根本沒有神經系統、沒有腦袋的單細胞生物，只需要幾十小時瘋狂生長，就能重複工程技術人員幾十年的心血。

在這個實驗中，研究人員依照東京地區的地形輪廓打造出了一個大平面容器。此外，根據黏菌的避光特性，用光照來模擬周圍的地形和海岸線，用以限制黏菌的活動範圍，因為真實的鐵路網路會受到地形、山丘、湖泊和其他障礙物的阻礙。

然後，研究人員把一塊最大的燕麥投放在容器中央，用這塊燕麥代表東京站的位置。其他的 35 塊小塊燕麥，則被分散地放在容器內。這些小燕麥對應東京鐵路系統中的 35 個車站，如圖 5.2 和圖 5.3 所示。

在實驗開始時，黏菌會盡量鋪滿容器的平面，以此來對新的領域加以探索。經過十幾個小時不斷地探索、改良後，黏菌彷彿略有所悟一樣，開始改良布局。連結燕麥之間的管道會不斷強化，而一些對連結用途不大的管道則會逐漸縮回消失。

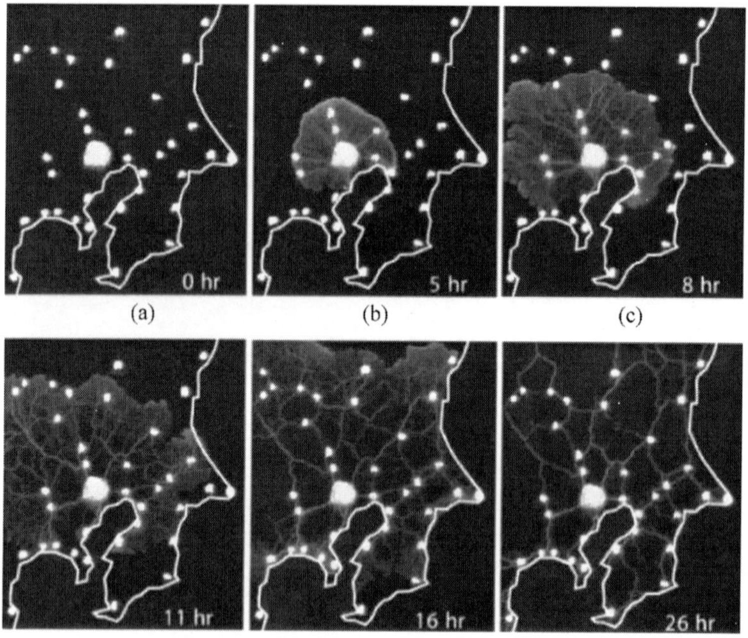

(a)　(b)　(c)　(d)　(e)　(f)

圖 5.2　由黏菌設計的日本東京地區鐵路網

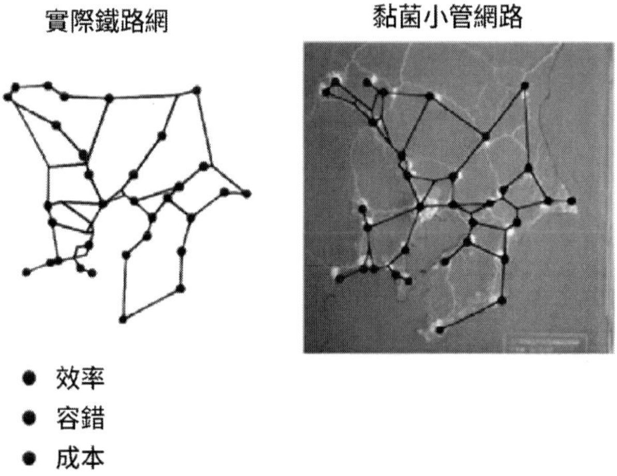

圖 5.3　黏菌形成的東京鐵路網路

大約過了 26 個小時不斷地探索改良後，這些黏菌就形成了一個與東京地區鐵路網路高度相似的網路。黏菌形成的網路簡直就是東京鐵路的翻版，甚至比真實的東京鐵路更富有彈性[048]。

來自西英格蘭大學的安德魯·亞當馬茨基（Andrew Adamatzky）和他在世界各地的同事在 14 個地理區域（澳洲、非洲、比利時、巴西、加拿大、中國、德國、伊比利、義大利、馬來西亞、墨西哥、荷蘭、英國和美國[049]）的高速公路做實

[048] Tero A, Takagi S, Saigusa T, et al. Rules for biologically inspired adaptive network design[J]. Science, 2010, 327(5964):439-442.

[049] Adamatzky A, Akl S, Alonso-Sanz R, et al. Are motorways rational from slime mould's point of view? [J]. International journal of parallel emergent and distributed

驗，得出了相似的結論。

更令人不可思議的是，黏菌形成的網路還具有高效的自我修復性。比如，只要將其中一個食物源拿掉，整個網路將會根據之前的「最佳化」原則重新排布。

無腦、無神經的黏菌究竟是怎樣完成這個智慧性網路的，至今仍然是一個未解之謎。正因為「無腦」卻又表現出的智慧，人們猜想這會不會是開啟未來人工智慧大門關鍵的一把鑰匙。

5.3.3　頑強的微生物

研究人員發現，同一種微生物會在它們的生存受到威脅時相互「提醒溝通」。哈佛大學時間生物學奠基人之一約翰．伍德蘭．黑斯廷斯（John Woodland Hastings）提出，如果可以操控這些微生物之間的資訊傳遞，可以減緩微生物感染的速度。這樣不僅使病患可以更快痊癒，而且不會讓細菌產生抗體。

伊利諾伊大學的生物化學教授薩蒂什．奈爾（Satish Nair）的研究團隊認為，「細菌是非常智慧的生物，它們可以在任何地方生存，並能飛快地適應新環境。」比如，結腸炎耶爾森桿菌，作為一種食源性致病菌可以透過化學訊號來溝通，一旦周

systems, 2012, 28(3): 230-248.

圍環境發生改變，它們就可以一起做出反應來應對。研究人員們正在想辦法透過這些化學訊號來對抗細菌感染。

另外一種對抗細菌感染的方法是讓一種微生物殺死另一種微生物。英國細菌學家、生物化學家、微生物學家亞歷山大·弗萊明（Alexander Fleming）在 1928 發現了青黴素，英國病理學家霍華德·弗洛里（Howard Florey）、德國生物化學家恩斯特·伯利斯·柴恩（Ernst Boris Chain）進一步研究改進，並成功用於醫治人的疾病，三人共獲諾貝爾生理學或醫學獎。青黴素的發現，使人類找到了一種具有強大殺死細菌作用的藥物，結束了細菌傳染病幾乎無法治療的時代。青黴素的發現也掀起了尋找抗生素新藥的高潮，從此人類進入了合成新藥的時代。此後，各式各樣的抗生素被研製出來，掀起一場場「屠殺」細菌的大戰。抗生素透過各種手段破壞細菌的繁殖與生長能力，讓它們不能在人類中造成疾病。

在現代醫療中，我們一直在使用抗生素。無奈的是，細菌的智慧之處就在於它們可以很快適應抗生素。所以抗生素使用多次之後，細菌就對它免疫了。

奈爾曾說過，通常來講，幾乎每種細菌都會對至少一種抗生素免疫。研究者發現了一些可以阻擋所有已知抗生素的「超級細菌」。這種細菌可以迅速出現抗藥性，因為它們把自己已經免疫的抗生素用化學訊號「通知」別的細菌，這樣使得同一片細菌都產生了抗藥性，這也就是它們成為「超級細菌」的原因。

有些研究者認為，廣譜抗生素和濫用抗生素的行為實際上是不科學的，因為抗生素不分好壞，會將好的細菌一併殺死，且存活下來的細菌會對抗生素產生抗體，並且把抗體傳遞給其他的細菌。如此看來，殺死細菌的方式只會催生更強大的細菌。

作為被人們認為不「智慧」的「最低階」的生命體，微生物為什麼會有這麼高的「智慧」，在地球上存在 40 多億年？從推動宇宙趨向穩定的方面來考慮，這個問題不難理解。微生物所做的一切都是為了最大化自己的生存機會和最大化自己的後代。更多的後代會使熵產生更多。第 4 章提到，熵越大，意味著發生的可能性越大，即對應更穩定的狀態。如此看來，微生物的智慧，只不過是其推動宇宙趨向穩定的過程中應運而生的產物。

5.4
植物的智慧

西元 1880 年，達爾文提出了第一個現代植物智慧概念。在「植物運動的力量」中，他得出結論，植物的根部具有「指導相鄰部分運動的力量」，因此「就像一種低等動物的大腦，大腦位於身體的前端，接收來自感覺器官的印象並指揮幾個動作。」

5.4.1　發達的感官系統

植物雖然沒有眼睛，但它卻能察覺到光。植物雖然沒有鼻子，但它能聞到氣味。在我們的日常生活中，催熟水果是人們熟悉的一個技巧，把成熟的蘋果或者香蕉和堅硬的酪梨或者奇異果放在一起，它們也會很快變得成熟。這背後是因為未成熟的水果嗅到了成熟果實散發在空氣中的乙烯。

1930 年代，劍橋大學的理查 · 蓋因（Richard Gein）透過實驗證明，在成熟蘋果周圍的空氣中含有乙烯。康乃爾大學的博伊斯 · 湯普森（Boyce Thompson）研究提出，乙烯是一種使果實成熟的通用植物激素。這種激素保證了一棵植物的果實同時成熟。

除了視覺、嗅覺，植物還擁有味覺、觸覺。動物用舌頭品嘗食物，植物的根也會在土壤中尋找自己需要的微量元素，比如磷酸鹽、硝酸鹽和鉀。而諸如捕蠅草、豬籠草等食蟲植物之所以存在，也是因為對於氮的需求。食蟲植物散發芬芳甜蜜的物質來誘捕獵物，得手後透過製造酶來分解營養物質，並且使葉子吸收，進而代謝掉捕捉到的動物。這個過程中觸覺發揮了重要作用。

植物與植物之間也要互相溝通。例如，很多人喜歡修建草坪時的氣味，實際上構成這些氣味的揮發物正是草的報警訊號，「表明這片葉子已經遭到了外力（在自然界中常常是昆蟲）的侵害，因此要通知鄰近的草葉趕快合成一些防禦性化學物質。這就是植物間通訊的一種方式，可以認為是植物智慧的一種體現」。

與動物的神經系統類似，植物可以透過地下真菌網路共享水分和養分來相互交流，透過真菌網路向其他樹木發送化學訊號，提醒它們注意危險。此外，植物可以透過氣體和費洛蒙發出訊號。例如，當動物開始咀嚼植物的葉子時，植物可以將乙烯氣體釋放到土壤中，通知其他植物，然後附近的植物可以將單寧酸發送到葉子中，因此也許能夠毒害冒犯的動物。

5.4.2 智慧決策

說起植物的智慧，很多人都會想到能「吃蟲子」的捕蠅草，如圖 5.4 所示。它是原產於北美洲的一種多年生草本植物。

捕蠅草是一種非常有意思的食蟲植物，它在葉的頂端長有一個像「貝殼」一樣的捕蟲夾，且能分泌蜜汁，當有小蟲闖入時，能以極快的速度將其夾住，並把小蟲吃掉，消化吸收。

圖 5.4 能「吃蟲子」的捕蠅草

捕蠅草每次合攏都需要耗費大量能量，如果抓到的獵物太小，吃到的肉沒有消耗的多，就算抓住了也得不償失。為了實現智慧決策，捕蠅草能記住自己之前所受的刺激，甚至還能「讀秒」。捕蠅草葉片邊緣會有規則狀的刺毛，就像人的睫毛一般。智慧的捕蠅草不會為了從它身邊飄落的樹葉就草率地關閉夾子。它的觸發毛中如果有兩根在大約 20 秒內被物體觸動，葉片就會閉合，也就是說它要記住此前有一根被觸動過，並開始記秒數。捕蠅草還能記住觸發毛被觸發的次數。

抓住獵物之後，捕蠅草會在觸發毛被觸動 5 次以後開始分泌消化液。

並不只有能快速反應的植物才能做出聰明的決策，其實所有植物都會對周圍的環境變化做出回應。它們每時每刻都在生理和分子層面上做決策。在烈日炎炎的缺水環境下，植物幾乎會立即關閉氣孔，阻止葉面上這些微小的氣孔讓水分流失。但這種反應是否真的稱得上「聰明」？

玉米、菸草和棉花遭到毛毛蟲啃食時，它們會產生化學物質吸引寄生類黃蜂前來。寄生類黃蜂會將自己的卵放入啃食植株的毛毛蟲體內，然後毛毛蟲將死去，並養活黃蜂的幼蟲。

鐵錘蘭這種花會模仿雌性黃蜂的外表和氣味，以欺騙雄性黃蜂來替自己授粉。一旦雄性黃蜂來到，鐵錘蘭就會「誘捕」它，然後黃蜂全身會沾滿花粉，並傳播給另一朵花。

植物智慧超越了適應和反應，進入了主動記憶和決策領域。1973 年暢銷書《植物的祕密生活》（*The Secret Life of Plants*）由彼得．湯普金斯（Peter Tompkins）和克里斯托弗．伯德（Christopher Bird）撰寫，書中提出了一些瘋狂的主張，例如植物可以「讀懂人的思想」、「感受壓力」和「挑剔」植物殺手。

西澳洲大學演化生態學副教授莫妮卡．加利亞諾（Monica Gagliano）對盆栽含羞草（Mimosa Pudica）做了一些有趣的實驗。含羞草通常被稱為「羞恥植物」，它的葉子受到干擾時會向內摺疊。理論上，它會防禦任何攻擊，不分青紅皂白地將任何接觸或跌落視為進攻並關閉自己。加利亞諾在 2014 年發表了一項研究，稱羞恥植物「記住了」它們從這麼低的高度掉下來實際上並不危險，並意識到它們不需要保護自己。加利亞諾認為她的實驗有助於證明「大腦和神經元是一種複雜的解決方案，但不是學習的必要條件。」她相信植物正在學習和記憶。相比之下，蜜蜂在幾天後就會忘記它們學到的東西，而羞恥植物則記住了近一個月 [050]。

如果植物可以「學習」、「記憶」、「交流」，那麼人類可能誤解了植物和人類自身。我們必須重新審視對智慧的共同理解。

---

[050] Gagliano M, Renton M, Depczynski M, et al. Experience teaches plants to learn faster and forget slower in environments where it matters[J]. Oecologia, 2014, 175(1): 63-72.

5.5

動物的智慧

長期以來，人類都認為自己是唯一具有智慧的物種。即使我們承認其他動物物種有智慧，也是把人類從整個動物界隔離了出來。荷蘭著名的心理學家、動物學家和生態學家靈長類動物學者弗蘭斯·德瓦爾（Frans De Waal）在《萬智有靈：超出想像的動物智慧》（*Are We Smart Enough to Know How Smart Animals Are?*）這本書中描述了各式各樣動物的智慧 [051]。

5.5.1　使用工具

能夠使用工具被認為是人類特有的智慧表現。但是有些動物也能夠製造工具和使用工具。研究發現，在剛果共和國的一種黑猩猩會帶著長度不同的兩根枝條去獵食。其中一根枝條是個大約 1 公尺長的結實木棍，另一根則是非常柔韌的草莖。如圖 5.5 所示，在獵食螞蟻的過程中，黑猩猩會把長木棍當作鐵鍬來用，挖出一個洞通往螞蟻巢穴，然後再將另外一根柔韌的

[051]　de Waal F. Are we smart enough to know how smart animals are?[M]. WW Norton & Company, 2016.

草莖探入螞蟻洞中，把草莖作為誘餌，螞蟻咬住草莖，然後黑猩猩就像釣魚一樣把咬住草莖的螞蟻拽出來並吃掉。

這種動物使用工具組合的現象是極為常見的。所以說使用工具並不是人類特有的智慧。

圖 5.5　會使用工具的黑猩猩

有些動物在使用工具的過程中，甚至還會在頭腦中預演使用工具未來的狀況，然後根據預演的狀況，做出有效的行動計劃。動物學家在一個實驗中，把花生放在一個位置固定的細管中。動物想要得到花生，就必須用一個東西把花生從管子裡面頂出來。在實驗中，實驗人員為捲尾猴準備了各種工具，包括長棍、短棍和柔韌的橡膠。經過很多次錯誤的嘗試之後，捲尾猴最終選擇了長棍，用長棍把花生從管子裡面頂出來。

動物學家在後面的實驗中增加了難度，在管子的中間增加了一個洞，如果捲尾猴用工具推動花生的方向不對，花生就會掉到一個罐子裡面，捲尾猴就會拿不到花生。經過一系列失敗的嘗試之後，捲尾猴發現了這個新的實驗規律，用長棍從正確的方向上推動花生，最終成功拿到花生。這個實驗並不容易，把同樣的實驗交給人類的幼童來做，只有在 3 歲之後的人類幼童才能成功拿到花生。

黑猩猩同樣參與了這個實驗，令人驚奇的是，它們不需要像捲尾猴那樣反覆試錯，經過思考就可以直接成功得到花生。

不僅是哺乳動物，就連爬行動物、鳥類，甚至無脊椎動物中也有使用工具的案例。新喀里多尼亞烏鴉同樣可以組合使用工具。在一項有趣的實驗中，需要先用短棍拿到長棍，再用長棍去獲取食物。7 隻烏鴉中有 3 隻在第一次嘗試時就成功地完成了任務。在另外一個實驗中，聰明的短吻鱷會製作一個陷阱，它們用漂浮的樹枝吸引水鳥在樹枝上休息，然後它們在水下發起伏擊。如果水中的樹枝很少，它們就去遠處挑選樹枝來製作陷阱。在印尼海域的一種椰子章魚，會聰明地將椰子殼捧回家，然後作為自己的掩體，在海底安全移動。

5.5.2 動物語言和社交

有人認為使用語言是人特有的天賦。但是，許多動物也可以使用語言表達自己的想法。最常見的例子就是鸚鵡學舌，而且有些鸚鵡已經聰明到能夠使用不同的詞彙，這說明鸚鵡能夠將想法和語言連線在一起。

在海洋中，海豚同樣是會使用語言、充滿智慧的生物。

海豚中的每個成員都有屬於自己的特色語言，這是一種頻率很高的哨音，幼年的海豚在 1 歲時就能發出這種哨音，從此就可以標明自己的特定身分。有些時候，這些哨音還會被其他海豚模仿，如果被呼喚的海豚聽到了，它確實會做出回應。這個案例說明，動物也會替彼此取名字，建立起自己的社交網路。

在動物們的社交網路中，還會有像人類社交網路中相似的衍生文化現象。科學研究人員發現，在黑猩猩的社交網路中有很多互動行為，包括文化傳播行為，最終讓整個群體表現出有別於其他群體的行為特徵。它們甚至會發明一些被稱為「時尚」的行為，也就是一種流行的動作或遊戲。

一個在人工飼養狀態下的黑猩猩群，它們不斷地變換著自己的「時尚」行為。在某一個時間段內，這群黑猩猩會排成一列縱隊，踩著同樣的節拍繞著一根柱子一圈又一圈地小跑，一只腳輕輕落下，另外一只腳則重重踩下，同時搖頭晃腦，如同跳舞一樣。在另外一個測試中，實驗人員會與黑猩猩玩一些需要智力的遊戲，如果重複玩同一種遊戲，會使黑猩猩走神，它們會感到無聊，並且試圖與實驗人員換個遊戲。

第六章　人腦的智慧

大腦是一個你可以握在手中的只有大約3斤重的物質，但是可以想像一個千億光年的宇宙。

——瑪麗安．戴蒙德（Marian Diamond）

大腦是最後也是最偉大的生物前沿，是我們在宇宙中發現的最複雜的東西。

——詹姆士．杜威．華森（James Dewey Watson）

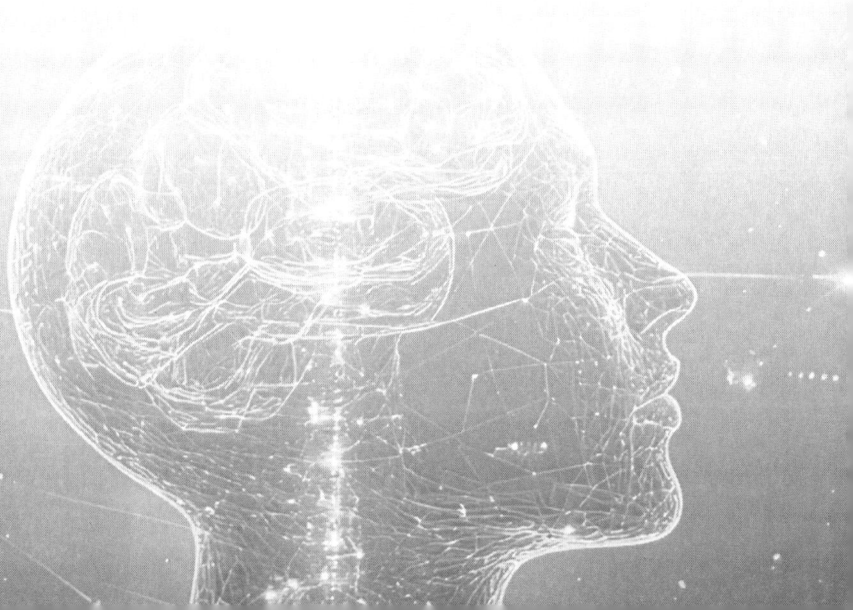

研究顯示，與現代人類非常相似的動物最早出現在 250 萬年前。7 萬年前，認知革命發生在非洲一個名為「智人」的物種中。智人的大腦結構達到了一個複雜的門檻，從而形成了思想、知識和文化。因此，生物學催生了人類歷史。

本章首先介紹人類大腦中的新皮質這種有效的結構，然後介紹人類特殊的思考方式、關於人類大腦的理論，最後討論人類智慧在處理資訊過載的問題中顯示的不足與資訊繭房（Information Cocoons）現象。

6.1
大腦中的新皮質：一種有效的結構

是什麼導致了智人的認知革命？我們不知道確切的原因，但是可以確定的是，認知革命為我們的祖先智人提供了新的思考和交流方式。達爾文主義者認為，隨機基因突變改變了智人大腦的內部結構，使他們更聰明。但是，為什麼它只發生在智人身上，而沒有發生在其他物種的身上？

一個可能的原因是，大腦的特殊結構是由資訊流引起的，類似於前幾章描述的耗散系統現象。毫無疑問，資訊對於動物的生存和繁衍非常重要。每時每刻，動物都面臨著龐大的資訊，包括食物、水、住所、捕食者等。在環境產生的資訊流的驅動下，哺乳動物的大腦中出現了一個特殊的結構 —— 新皮質（neocortex）。neocortex 來自拉丁語，意思是「新的外皮」。

這種結構使大腦能夠以比其他結構更有效的速度緩解大腦外部資訊和大腦內部資訊之間的不平衡。換句話說，使用這種結構，系統（大腦和環境）以比使用另一種結構時更有效的速度穩定下來。智慧在這個穩定過程中自然出現。

大腦表面所覆蓋的灰質稱為大腦皮質，是高級神經活動的物質基礎，由神經元、神經纖維及神經膠質構成[052]。人類大腦皮質上有大量的皺起，稱為腦迴，腦迴間的淺隙稱為腦溝，深而寬的腦溝稱為裂。腦溝和腦迴增加了皮質的面積。大腦皮質表面分為五葉——額葉、頂葉、顳葉、枕葉和邊緣系統。額葉、頂葉、顳葉、枕葉在系統中出現較晚，稱為新皮質，邊緣系統出現較早，稱為舊皮質。

大腦皮質從外到內分為六層：分子層、外顆粒層、外錐體層、內顆粒層、內錐體層、多型細胞層，它們由不同類型的神經細胞組成，其中顆粒細胞接收感覺訊號，錐體細胞傳遞運動訊號。依據演化，大腦皮質分為古皮質（archeocortex）、舊皮質（paleocortex）和新皮質。古皮質和舊皮質與嗅覺有關，總稱為嗅腦。在哺乳動物中，等級越高，新皮質越發達。古、舊皮質是三層的皮質，而新皮質則發展成為六層。人類新皮質高度發達，它約占據全部皮質的 96%。

新皮質是哺乳動物大腦的標誌，在鳥類或爬行動物中不存在，是哺乳動物大腦皮質的大部分，在大腦半球頂層，2～4mm 厚，與一些高等功能如知覺、運動指令的產生、意識、空間推理及語言有關係。新皮質被稱為「neo」，因為它在演化

---

[052]　ackson T. The brain: An illustrated history of neuroscience[M]. Santiago: Shelter Harbor Press, 2015.

上是大腦皮層的最新部分，它也是哺乳動物物種中分歧最大的部分，如圖 6.1 所示。不同的哺乳動物新皮質的大小差別很大。在囓齒類動物中，它大約有郵票大小並且很光滑。在靈長類動物中，新皮層錯綜複雜地摺疊在頂部大腦的深脊、凹槽和皺紋以增加其表面積。由於其精心摺疊，新皮質構成了人腦的主體。人腦約 80%的重量來自新皮質。智人的大額頭的出現，使得智人有了更大的新皮質。

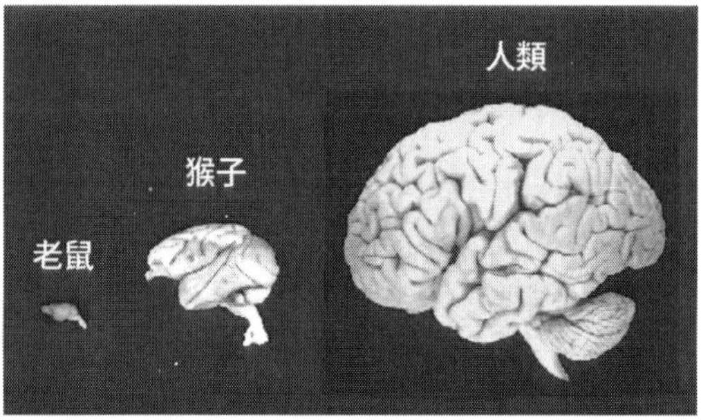

圖 6.1　老鼠、猴子和人類大腦的比較

6.2
人類特殊的思考方式

6.2.1　抽象等級與模式

新皮質的發展並不只是帶來有益之處。由於新皮質的發展，哺乳動物需要付出巨大的代價。體重 60 公斤的正常哺乳動物的大腦平均大小為 200 立方公分。相比之下，現代智人的大腦大小為 1,200 ～ 1,400 立方公分。第一個問題是，很難在一個巨大的頭骨中攜帶這個巨大的大腦；另一個更重要的問題是，為這個巨大的大腦加油。大腦僅占人類體重的 2%～ 3%，然而，當身體處於休息狀態時，需要身體大約 25%的能量來為大腦提供能量。相比之下，其他猿類的大腦在休息時的能量消耗大約只占 8%。

由於成本高，能源效率非常重要。為了節省能量，新皮質使用「模式」來處理資訊，並以分層的方式進行。雷蒙．庫茲維爾將此稱為「思維模式辨識理論」[053]。研究人員發現，沒有新皮質的動物（如非哺乳動物）在相當程度上無法理解等級的概

[053]　Kurzweil R. How to create a mind: the secret of human thought revealed[M]. New York: Viking Press, 2012.

念。由於新皮層的出現，了解現實的等級性質成為哺乳動物的一種特徵。

處理邏輯比辨識大腦中的模式需要更多的能量。因此，人類只有較弱的邏輯處理能力，但具有很強的模式辨識能力。

1978 年，神經科學家弗農・蒙卡斯爾（Vernon Mountcastle）觀察到了新皮質組織的非凡一致性，假設它由一個反覆重複的單一機制組成，並提出皮質柱作為基本單位[054]。這個基本單元是模式辨識器，它構成了新皮層的基本組成部分。

這些辨識器能夠相互連結。這種連通性不是由遺傳密碼預先指定的。相反，它的建立是為了反映隨著時間的推移實際學習的模式。

在人類新皮質中，大約有 50 萬個皮質柱，每個皮質柱包含大約 6 萬個神經元。人類新皮質中總共有大約 300 億個神經元。據推測，一個皮質柱內的每個模式辨識器中大約有 100 個神經元，而人類新皮質中大約有 3 億個模式辨識器。

---

[054] Mountcastle V B. An organizing principle for cerebral function:the unit module and the distributed system[J]. The neurosciences, 1979: 21-42.

6.2.2　人類的八卦能力

儘管新皮質帶來了成本，但這種新結構使智人不僅能夠開發口頭和書面語言、工具及其他多樣化的創造物，還可以傳遞有關他們從未見過、接觸過、聞過或根本不存在的事物的資訊。

八卦、傳說、神明、神話和宗教首次出現在地球上，正如尤瓦爾·哈拉瑞（Yuval Harari）在《人類大歷史》（*Sapiens: A Brief History of Humankind*）中所展示的那樣。

其他動物只能說它們以前見過、接觸過、聞過的資訊，比如它們會說，「小心！獅子！」；相比之下，智人可以說，「獅子是我們部落的守護神。」[055]

有意思的是，幾乎每個上古人類部落都有類似的圖騰崇拜。圖騰一詞來源於印第安語「totem」，意思為「它的標記」、「它的親屬」。18 世紀，人類學家在北美發現了印第安人的圖騰崇拜。圖騰一詞是北美印第安人一個部落的語言，表示氏族的象徵或徽號。生活在那個部落的人們認為圖騰是氏族的祖先和保護神，因此他們的圖騰是該氏族成員共有的特殊標記。這和我們現在關於姓氏的概念基本相同，圖騰標記正好表明同氏

[055]　Harari Y N. Sapiens: A brief history of humankind[M]. New York: Random House, 2014.

族內成員之間的血緣聯繫。

太陽崇拜與鳥靈崇拜是人類社會最早的兩大崇拜，而且太陽崇拜幾乎跟鳥靈崇拜融為一體。因為在人類的原始思維中，太陽便是天空中飛翔的一只火鳥。圖 6.2 是一個古蜀國圖騰 —— 太陽鳥。

圖 6.2 古蜀國圖騰 —— 太陽鳥

讓人頗為驚訝的是，這隻太陽鳥還曾經是全人類共同的崇拜物。中國古代的鸞或雒，日本的天照大神，古埃及的拉，古美洲的雷鳥，古印度的迦婁羅鳥……等等，都是太陽鳥。而且有關太陽鳥的稱謂在語音上都很近似，中國的「鸞」，古埃及的「拉」，古美洲的「雷」，古印度的「迦婁羅」。

《史記》中黃帝所率領的貙虎、熊羆、貔貅等，很可能就是傳說中保留下來的氏族圖騰的遺存。黃帝還被稱為有熊氏，舜的祖父叫橋牛，諸侯稱有蟜氏等，有著各式各樣的傳說。

另外，在先秦史籍、儒家經典中也找到了圖騰崇拜的痕跡，如《左傳．昭公十七年》記載「大嘷氏以龍紀，故為龍師而龍名」，敘述了一個以龍為圖騰的氏族；「我高祖少皞摯之立也，鳳鳥適至，故紀於鳥，為鳥師而鳥名」，這記載了一個以鳥為圖騰的氏族。《尚書．皋陶謨》有「鳳凰來儀」、「百獸率舞」的說法，理解為許多以鳥獸為圖騰的氏族共同擁戴舜為首領。

《詩經．玄鳥》:「天命玄鳥，降而生商。」—— 商王族以玄鳥為圖騰，說明了他們認為玄鳥是自己的始祖。

在原始人信仰中，認為本氏族人都源於某種特定的物種，大多數情況下，被認為與某種動物具有親緣關係，於是圖騰信仰便與祖先崇拜發生了關係。許多圖騰神話中都有祖先來源於某種動物或植物的記載，或是與某種動物或植物發生過親緣關係，於是某種動物或植物便成了這個民族最古老的祖先。

6.2.3　緩解資訊不平衡以促成穩定

由於智人是社會性動物，社會合作是生存和繁衍的關鍵。

如果部落中的智人發現了獅子或共同的敵人，則該部落的智人之間存在資訊不平衡。透過盡快將此消息傳達給其他智人來緩解這種資訊不平衡至關重要。

在認知革命之前，智人在一個群體中維持關係的個體數量是幾十個。當團體變得過大時，其社會秩序不穩定，團體分裂。那麼他們怎樣統一規則？例如，誰應該是領導者，誰應該先吃飯，或者誰應該和誰交配？

在認知革命之後，智人具有前所未有的高效緩解資訊不平衡的能力，使他們能夠靈活地進行大量的合作。他們有能力傳遞關於並不存在的事物的資訊，例如部落精神、國家、有限公司和人權。這使得大量陌生人之間的合作和社會行為的快速創新成為可能。

任何大規模的人類群體，包括國家、公司或教會，都需要集體想像中的共同神話。

這種前所未有的合作，得益於人類大腦的特殊結構。而這種特殊結構是在資訊流驅動下產生的，正如水流驅動產生特殊的山谷結構、能量流驅動產生特殊的生命結構一樣。與其他結構相比，這些特殊的結構使大腦更有效地緩解資訊、能量和物質的不平衡。

換句話說，人類使用大腦這種特殊的結構，比使用其他的結構能使系統更有效地穩定下來。我們再一次看到，智慧在這個穩定過程中自然出現。

6.3

關於大腦的理論

對於研究智慧機器的科學家來說，一種明顯的方法是在電腦程式中模仿人腦，以便在電腦中複製人類智慧。他們認為大腦是一塊遵守物理定律的物質，電腦可以模擬任何東西。為了做到這一點，關於大腦如何工作的理論至關重要。

儘管人類在大腦和神經科學方面已有豐富的經驗數據，但關於大腦如何工作的理論相對較少。本節將介紹其中的一些理論，包括貝葉斯大腦假說、有效編碼假設、神經達爾文主義和自由能原理。

6.3.1　貝葉斯大腦假說

貝葉斯大腦假說（Bayesian Brain Hypothesis）認為，大腦以類似於貝葉斯統計的方式在不確定的情況下運作 [056]。由於環境不斷變化，人類和其他動物的大腦在感官不確定的世界中運作。大腦必須有效地處理不確定性以指導正確的行動。這個

[056] Knill D C, Pouget A. The bayesian brain: the role of uncertainty in neural coding and computation[J]. Trends in neurosciences, 2004, 27(12): 712-719.

假設的基本思想是大腦有一個世界模型。當感官輸入訊號到來時（如當看到某物或聽到某聲音時），大腦會主動解釋和預測它的感覺。在這個假設中，有一個機率模型可以生成預測，與感官輸入訊號進行比較，根據比較結果，更新模型 [057] [058]。

18 世紀，英國神學家、數學家、數理統計學家和哲學家，機率論創始人湯瑪斯·貝葉斯（Thomas Bayes）提出了這個簡潔、「不起眼」的貝葉斯定理。這一定理在他在世時並未發表，但之後卻在各個領域發揮出巨大的作用。貝葉斯定理非常簡單，但這並不妨礙它成為當代認知科學最熱門的理論之一。

貝葉斯定理指出，有隨機事件 A 和 B，在 B 發生的情況下 A 發生的可能性 P（A ｜ B）等於，在 A 發生的情況下 B 發生的可能性 P（B ｜ A）乘以 A 發生的可能性 P（A），再除以 B 發生的可能性 P（B），即

$$P(A \mid B)=\frac{P(A)P(B \mid A)}{P(B)}$$

貝葉斯定理使得我們能夠根據已知的相關事件發生的機率推算出某件事情發生的機率。

[057] Gregory R L. Perceptions as hypotheses[J]. Philosophical transactions of the royal society of London, 1980, 290(1038):181-197.

[058] Kersten D, Mamassian P, Yuille A. Object perception as Bayesian inference[J]. Annual review of psychology, 2004, 55:271-304.

早上起來我們一看天氣，天上有雲，我們想知道今天有雨的機率有多大。在這裡，我們就可以用貝葉斯定理來看一下今天下雨的機率。

假定提前已知

（1）50%的雨天的早上是多雲的。

（2）但多雲的早上其實挺多的（大約40%的日子早上是多雲的）。

（3）這個月以乾旱為主（平均30天裡一般只有3天會下雨，占10%）。

那麼，今天要下雨的機率是多少呢？

用「雨」來代表今天下雨，「雲」來代表早上多雲。

當早上多雲時，當天會下雨的可能性是P（雨｜雲）。

P（雨｜雲）＝P（雨）·P（雲｜）／P（雲）

P（雨）是今天下雨的機率＝10%

P（雲｜雨）是在下雨天早上有雲的機率＝50%

P（雲）早上多雲的機率＝40%

基本的機率情況已經確定，則有

P（雨｜雲）＝（雨）×P（雲｜雨）／P（雲）

P（雨｜雲）＝0.1×0.5／0.4＝0.125

則得知今天下雨的機率是 12.5%

1880 年代，赫爾曼・馮・亥姆霍茲（Hermann von Helmholtz）在實驗心理學中表明，大腦從感官數據中提取知覺資訊的能力是根據機率猜想建模的。大腦需要根據外界的內部模型來組織感覺數據。研究人員已經為貝葉斯大腦假設研發了許多數學技術和程式。例如，2004 年大衛・尼爾（David C. Knill）和亞歷山大・普吉特（Alexandre Pouget）使用貝葉斯機率論將感知表述為基於內部模型的過程。為了有效地使用感官資訊來做出判斷並指導行動，大腦必須在其感知和行動的計算中表示和使用有關不確定性的資訊。大腦是一臺推理機，它根據內部模型主動解釋和預測外部世界。

貝葉斯大腦假設已被用於建構智慧機器，特別是機器學習演算法，這將在第 7 章詳細說明。

6.3.2 有效編碼假設

有效編碼假設認為，在表徵效率的約束下，大腦改良了來自感官數據的感知資訊與大腦內部模型之間的相互資訊[059]。直觀上，相互資訊衡量兩個隨機變數共享的資訊，它衡量了解

[059] Linsker R. Perceptual neural organization: some approaches based on network models and information theory[J]. Annual review of neuroscience, 1990, 13(1): 257.

這些變數之一在多大程度上減少了另一個變數的不確定性。

簡而言之，有效編碼的原則是說大腦和神經系統應該以有效的方式編碼感官資訊。該原理已應用於神經生物學，有助於理解神經元反應的性質。它可以有效地預測經典感受裡的經驗特徵，並為視覺層級結構中的稀疏編碼和處理流的分離提供原則性的解釋。它已擴展到動力學，甚至用於推斷神經元處理的代謝約束 [060] [061] [062]。

6.3.3　神經達爾文主義

在神經達爾文主義中，神經元集合的出現是根據選擇壓力來考慮的。神經達爾文主義的美妙之處在於，它運用了巢狀選擇。也就是說，它並非根據單個神經元，而是根據整個神經元組合的表現 [063]。在這種情況下，（神經元）價值透過選擇「思考適應性刺激 - 刺激關聯」和「刺激 - 反應連繫」的神經元組來賦予演化價值（適應性和適應度）。價值的能力是由自然選擇

[060] Simoncelli E P, Olshausen B A. Natural image statistics and neural representation [J]. Annual review of neuroscience, 2001, 24(1): 1193-1216.

[061] Laughlin S B. Efficiency and complexity in neural coding[J]. Novartis foundation symposium, 2001, 239: 177-187.

[062] Montague P R, Dayan P, Person C, et al. Bee foraging in uncertain environments using predictive Hebbian learning[J]. Nature, 1995: 725-728.

[063] Schultz W. Predictive reward signal of dopamine neurons[J]. Journal of neurophysiology, 1998, 80: 1-27.

來保證的，從某種意義上說，神經元價值系統本身受到選擇壓力的影響。

這個理論，特別是價值依賴學習，啟發了「強化學習」，它是機器學習演算法的一個重要分支。強化學習關注智慧體如何在環境中採取行動以最大化其累積獎勵 [064] [065]。強化學習是機器學習的三個基本正規化之一，與監督學習和無監督學習「並駕齊驅」。強化學習是著名的 AlphaGo 背後的，一個可以在圍棋比賽中擊敗任何人的電腦程式，這將在第 7 章詳細說明。

6.3.4 自由能原理

自由能原理是由倫敦大學的英國神經科學家、腦成像領域的權威卡爾·弗里斯頓（Karl Friston）提出的 [066]。他曾經研發了一種強大的技術，用於分析大腦成像研究的結果，並揭示皮層活動的模式及不同皮層區域之間的關係。弗里斯頓提出大腦的自由能原理，他想把大腦如何運作的機理用熱力學來完美解釋。

---

[064] Bellman R. On the Theory of dynamic programming[J]. Proceedings of the national academy of science of the United States of America, 1952, 38(8): 716.

[065] Sutton R S, Barto A G. Toward a modern theory of adaptive networks: expectation and prediction[J]. Psychological review, 1981, 88(2): 135.

[066] Friston K, Kilner J, Harrison L. A free energy principle for the brain[J]. J Physiol Paris, 2006, 100(1-3): 70-87.

什麼是物理中的自由能法則？第 4 章中有所涉及。簡單來說，就是任何處於平衡狀態的自組織系統均趨於自由能極小的狀態。

自由能是什麼？自由能是指在某一個熱力學過程中，系統減少的內能中可以轉換為對外做功的部分，它衡量的是在一個特定的熱力學過程中，系統可對外輸出的「有用能量」[067]。與外界具備能量交換的系統（一杯放在桌上的熱茶）處於平衡狀態下，則自由能最小（水溫下降，熱量擴散），指的是一個熵盡可能大的狀態，當水溫下降到室溫時，達到最穩態。自由能最小是熱力學第二定律下系統與外界環境相互作用的法則。

大腦認知系統的學習過程也符合這個自由能趨向最小的原理。

簡單地說，我們可以把大腦想像成那杯茶，外部環境和這杯水具有一種能量互動關係，對應大腦透過眼睛和耳朵這樣的器官採集外部的資訊（感知）。這杯水會越來越趨於室溫，對應大腦像這杯水一樣與外界交換資訊，在這個過程中，大腦中關於外界的資訊越來越豐富，它不僅是被動採納，還要主動預測和做出行為。

在大腦的自由能最小原理中，學習的狀態就是不斷調整行

---

[067]　Callen H B. Thermodynamics[M]. New Jersey: Wiley, 1966.

為得到符合大腦預期的感知狀態，並且大腦內部的狀態能夠更加準確地匹配外部世界的變化，不至於出現沒有預期到的狀況。這兩部分合在一起使得大腦的自由能最小。這個原則的威力是巨大的，它可以告訴你為什麼能看到很多你想看到的，儘管你平時從未知覺。

大腦的自由能最小原理試圖提供一個統一的框架，將現有的大腦理論置於該框架內，希望透過統一對大腦功能的不同觀點，包括感知、學習和行動來辨識共同的論點[068]。

提出大腦的自由能最小原理的動機是：生物系統的本質特徵是它們在面對不斷變化的環境時需要保持其狀態和形式。從大腦的角度來看，環境包括外部環境和內部環境。大腦的自由能最小原理本質上是大腦如何抵抗自然紊亂傾向的數學公式。為了做到這一點，大腦必須最大限度地減少其自由能。自由能是「驚喜」的上限，這意味著如果大腦最小化自由能，它將相應地最小化「驚喜」[069]。在這裡，「驚喜」是指機率很低的事件。例如，「在炎熱的夏日下雪」將是一個「驚喜」。

一個「驚喜」會導致環境和大腦內部模型之間的資訊不平衡。比如，在大腦的內部模型中，「炎熱的夏天下雪」是極不可

---

[068] Friston K. The free-energy principle: a unified brain theory?[J]. Nature reviews neuroscience, 2010, 11(2): 127-138.

[069] Itti L, Baldi P. Bayesian surprise attracts human attention[J]. Vision research, 2009, 49(10): 1295-1306.

能的，如果真的發生了，那就是資訊不平衡，系統不穩定。在資訊不平衡的情況下如何讓它更穩定？答案是最小化自由能使其更穩定。最小化自由能有兩種方式：動作（改變資訊源）和更新（透過更新神經元連結和權重來改變內部模型），如圖 6.3 所示。

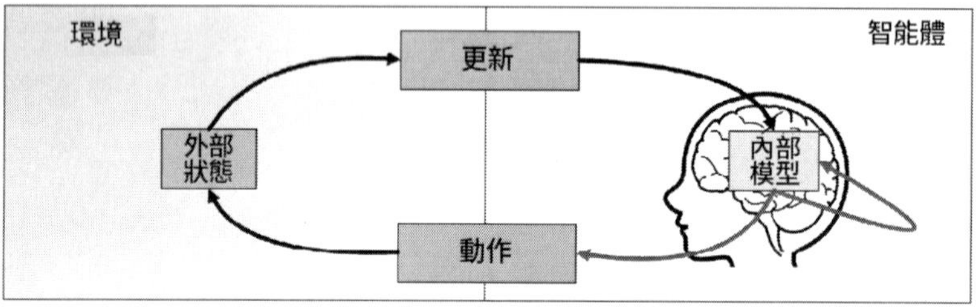

圖 6.3　大腦的自由能最小原理

從這裡我們看到認知模型包含兩方面：一方面是感知和動作所獲取的外部世界的狀態；另一方面是大腦內部認知過程的內部模型的更新。這個內部模型不停地預測每個感官背後的動因和所蘊含的未來變化，而行為本身則趨向那些有利於生存的結果。學習的目的就是讓內部狀態的模型更準確（預測精準），讓行為決策獲取更多對生存有利的證據。如果模型預測不正確，則行為決策無法得到正確的結果 [070]。

相比之下，採取行動改變資訊源比更新內部模型消耗的能

[070]　Friston K J, Jean D, Kiebel S J, et al. Reinforcement learning or active inference?[J]. PLOS ONE, 2009, 4(7): e6421.

量要少得多。上面我們曾經提過，我們的身體大約需要 25%的能量來為大腦提供能量。

6.4

資訊過載與資訊繭房

過去，當資訊因為技術（如網際網路和手機）的缺乏而稀缺時，採取行動來改變資訊源不是一個很好的選擇，更新大腦的內部模型是唯一的選擇，從而最小化自由能以使大腦更加穩定。

如今，由於網際網路和手機的普及，資訊無處不在，我們的手機裡有各種 App，臉書追蹤了幾十甚至上百的專頁。資訊如同洪水猛獸一樣推送到我們的面前，使我們應接不暇。

隨著科技的發展，資訊的倍增週期不斷縮短，有報告稱，近 30 年來人類生產的資訊已超過過去 5,000 年生產資訊的總和。

在資訊呈爆炸式增長的時代，資訊雖然帶給我們很多知識，但與此同時也帶來了巨大的影響。它可能會使我們焦慮，無法專心於當下的事情，也可能由於過剩而引起資訊災變 [071] [072]。

---

[071] Zhang X S, Zhang X, Kaparthi P. Combat information overload problem in social networks with intelligent informationsharing and response mechanisms[J]. IEEE Transactions on computational social systems, 2020, 7(4): 924-939.

[072] Carter M, Tsikerdekis M, Zeadally S. Approaches for fake content detection:

前面我們介紹過，我們的祖先為了比別的動物處理更多的資訊，演化出了大腦新皮質。但是這個令我們引以為豪的大腦新皮質，在資訊呈爆炸式增長的時代顯然「力不從心」。

怎樣才能使我們的大腦系統更穩定呢？可行的方法是改變資訊源，因為改變資訊源比改變大腦內部模型容易得多。

這種現象已經被基於「推送」的推薦演算法很好地利用了，它已經滲透到了幾乎所有的網際網路產品，例如瀏覽器、照片應用等。這些產品收集了瀏覽歷史、點讚和評論，然後它們可以推導出你大腦的內部模型。例如，一個重要的帖子說，「動態訊息的目標是向人們展示與他們最相關的故事。」如果你有瀏覽過疫苗陰謀論的歷史，或者你喜歡與疫苗陰謀論相關的推文，那麼電腦程式會推導出，在你大腦的內部模型中，你相信疫苗陰謀論，並將向你推薦有關疫苗陰謀論的更多資訊。

這樣，既然沒有資訊源和內部模型之間的資訊不平衡，你就沒有太多的驚喜，你會感到高興。

使用基於推送的推薦演算法的結果之一是形成了「資訊繭房」，這是哈佛大學法學院教授凱斯．桑斯坦（Cass Sunstein）提出的一個概念。在 2006 年，這個詞代表了當時網際網路上的一個現象：人們在面對網上的海量資訊時，往往只看到自己

---

strengths and weaknesses to adversarial attacks[J]. IEEE Internet computing, 2020, 25: 73-83.

想看的，而演算法會選擇自己喜歡的資訊給他們，結果只會縮小視野，就像蠶為自己結繭[073]。

早在 19 世紀，「資訊繭房」的概念就被提出過。法國思想家亞歷克西·托克維爾（Alexis de Tocqueville）就已發現，民主社會天然地易於促成個人主義的形成，並將隨著身分平等的擴大而擴散。

根據桑斯坦的說法，網際網路建構了一個「通訊世界，我們只聽到我們選擇的聲音，只聽到讓我們感到舒服的聲音。」在書中，他引用了麻省理工學院教授尼古拉斯·尼葛洛龐帝（Nicholas Negroponte）的工作，他「預言了『個人日報』的出現，這是一份完全個性化的報紙，我們每個人都可以在其中選擇我們喜歡的觀點。」簡單地說，這意味著人們只會關注自己感興趣的東西，從長遠來看，這會縮小人們的視野。對於社會普通大眾中的某些人而言，這是一個真正的機會，也是風險，有時會給商業和社會帶來不幸的結果[074]。

桑斯坦在其著作中生動地描述了「個人日報」現象。在網際網路時代，伴隨網路技術的發達和網路資訊的劇增，我們能夠在海量的資訊中隨意選擇我們關注的話題，完全可以根據自

---

[073] Sunstein C R. Infotopia: how many minds produce knowledge[M]. Oxford: Oxford University Press, 2008.

[074] Negroponte N. Being digital[M]. New York: Knopf, 1995.

己的喜好定製報紙和雜誌，每個人都擁有為自己量身定製一份個人日報的可能。

這種「個人日報」式的資訊選擇行為會導致網路繭房的形成。當個人長期禁錮在自己所建構的資訊繭房中時，個人生活會呈現一種定式化、程式化。長期處於過度的自主選擇，沉浸在個人日報的滿足中，就會失去了解不同事物的能力和接觸機會，不知不覺間為自己製造了一個資訊繭房。

資訊繭房只是一個中間結果。它將在與資訊政治、民主、經濟、娛樂、生活方式等相關的許多方面產生複雜而深遠的影響。

生活在資訊繭房裡，民眾就不可能考慮周全，因為他們自身的先入之見將逐漸根深蒂固，各個社會群體便會分裂。這樣的一種思想偏狹將會帶來各種誤會和偏見。正是因為資訊是免費獲取的，所以在無數的新聞面前，民眾必須做出取捨。

假如每個人都只按照自己的心意選擇自己喜歡看的資訊，那麼每個人的世界都只是他們所希望看到的，而不是世界本來應該擁有的樣子。

長期生活在資訊繭房中，容易使人產生盲目自信、心胸狹隘等不良心理，其思考方式必然會將自己的偏見認為是真理，從而拒斥其他合理性的觀點，特別當獲得「同盟」的認同後演化為極端思想。這種極端思想集中體現在看待事物時的觀念表達上，更有甚者，當其個人訴求無法得到滿足或者事態未按預想發展，便會做出一些極端的行為。

在網際網路時代的資訊爆炸之前，我們大腦中獨特的新皮質結構使我們能夠比任何其他動物更有效地處理資訊流。儘管網際網路在某些方面讓我們的生活變得更輕鬆，但是後網際網路時代資訊量過大將導致資訊過載，導致決策困難，甚至可能導致我們身心壓力過大。越來越多的虛假資訊出現在網路上，透過影響人們的信仰和決策對商業和社會產生重大影響。

顯然，我們需要大腦中的另一種新結構（如另外一層新的大腦皮質）來處理新的後網際網路環境中的過多資訊。然而，我們的演化比環境的變化要慢得多。這就是為什麼史蒂芬·霍金悲觀的原因 ——「人類受生物演化緩慢的限制，無法競爭，會被取代。」

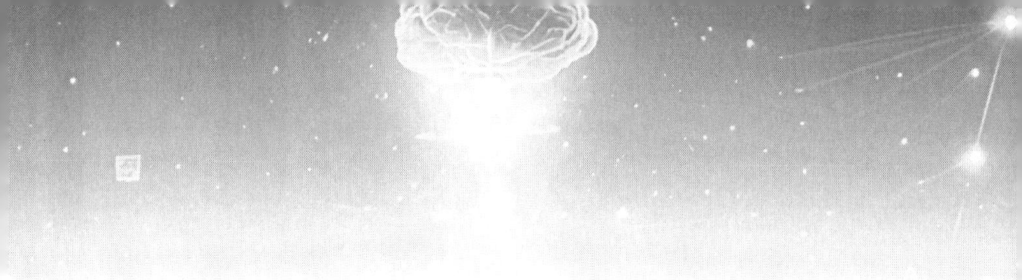

第七章　電腦的智慧

如果一臺電腦可以欺騙人類相信它是人類，那麼它就應該被稱為智慧。

——艾倫．圖靈（Alan Turing）

機器智慧是人類需要做出的最後一項發明。

——尼克．博斯特羅姆（Nick Bostrom）

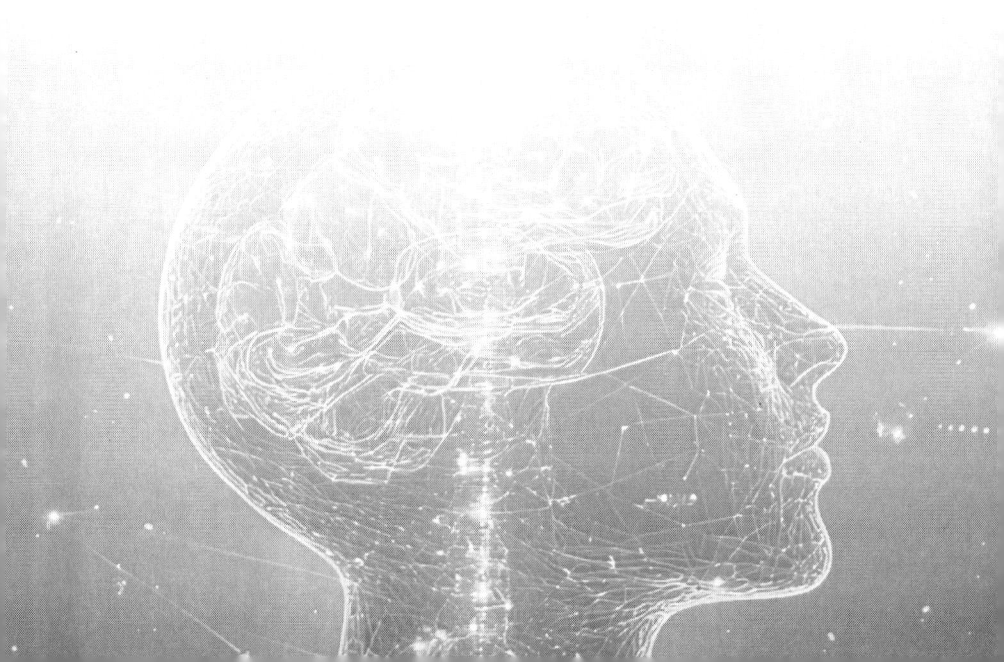

建構智慧機器的想法由來已久。各文明都曾經有關於機器人和無生命物體復活的神話。很多哲學家仔細考慮了機械人、人造生物和其他自動機已經存在或可能以某種方式存在的假設。透過機器模仿、實現人的行為，讓機器具有人類的智慧，是人類長期以來追求的目標。

隨著數位電腦的興起，智慧機器變得越來越強大。人工智慧（Artificial Intelligence，AI）浪潮正在席捲全球。本章簡要描述智慧機器歷史上的一些關鍵事件、技術學派、重要演算法和將來的發展。

7.1 1950 年以前的智慧機器

在人類的歷史中，各種神學家、作家、數學家、哲學家對機械技術、電腦和數位系統進行了思考，這些思考促進了創造類似於人類機器的研究。

在 1970 年代初期，強納森·史威夫特（Jonathan Swift）在他的小說《格列佛遊記》（*Gulliver'sTravels*）中描述了一種名為「引擎」的設備，這是對具有人工智慧的現代電腦的最早描述之一。藉助該設備可以改進知識和機械操作，即使是最沒有才華的人也似乎很有才華。

1921 年，捷克劇作家卡雷爾·恰佩克（Karel Čapek）創作的科幻劇《羅梭的萬能工人》（*Rossum's Universal Robots*）中首次出現了「機器人」一詞。在這部劇中，有工廠製造的人造人，叫做機器人。此後，人們開始使用「機器人」概念，並將其落實到學習、研究和開發中。

1927 年，佛列茲·朗（Fritz Lang）執導的科幻電影《大都會》（*Metropolis*）是機器人劇情首次出現在銀幕上。在這部電影中，有一個機器人女孩襲擊了小鎮，對未來主義的柏林造成了嚴重破壞。這部電影為其他著名的非人類角色提供了靈感，例如《星球大戰》中的 C-3PO。

日本製造的第一臺機器人是日本生物學家西村誠於 1929 年開發的長老機器人「學天則」。這個機器人可以移動頭部和手部，並改變面部表情，如圖 7.1 所示。

圖 7.1　日本生物學家西村誠於 1929 年製造的第一臺機器人

1939 年，物理學家約翰．文森．阿塔納索夫（John Vincent Atanasoff）和他的研究生克利福德．貝里（Clifford Berry）在愛荷華州立大學建造了 Atanasoff-Berry 電腦（ABC）。ABC 可以解決多達 29 個聯立線性方程，它的重量超過 700 磅。

電腦科學家埃德蒙．貝克萊（Edmund Berkeley）於 1949 年出版的《巨腦：或會思考的機器》（*Giant Brains: Or Machines That Think*）一書指出，隨著處理大量資訊的能力不斷增強，機器可以思考。

7.2 1940 ～ 1960：AI 的誕生

7.2.1　AI 相關技術的發展

1940 ～ 1960 年，很多技術得以發展，這些技術試圖將動物和機器的功能結合起來。諾伯特．維納（Norbert Wiener）開創了控制論，旨在統一動物和機器的控制與交流理論 [075]。

沃倫．麥卡洛克（Warren McCulloch）和沃爾特．皮茨（Walter Pitts）於 1943 年開發了生物神經元的數學和電腦模型 [076]。

人工智慧領域的許多進步在 1950 年代取得了成果。「資訊理論之父」克勞德．夏農（Claude Shannon）在 1950 年發表了一篇題為〈為下棋的電腦程式設計〉的文章，描述了下棋電腦程式的發展。同年，艾倫．圖靈發表了《電腦與智慧》，提出了模仿遊戲的想法，並提出「如果機器會思考」的問題。圖靈推測了創造思維機器的可能性，它可以進行與人類無法區

[075] Wiener N. Cybernetics: or control and communication in the animal and the machine[M]. Cambridge: MIT Press, 1948.

[076] McCulloch W S, Pitts W S. A logical calculus of the ideas immanent in nervous activity[J]. The bulletin of mathematical biophysics, 1943,5(4): 113-115.

分的對話。這個提議後來變成了「圖靈測試」，它測量機器智慧[077]。圖靈測試是第一個嚴肅的關於人工智慧的提議，並成為人工智慧哲學的重要組成部分。

跳棋電腦程式是由電腦科學家亞瑟．塞繆爾（Arthur Samuel）於 1952 年開發的。該程式是第一個獨立學習如何玩遊戲的程式。

7.2.2 人工智慧概念的提出

1956 年 8 月，在美國新罕布夏州的達特茅斯學院中，約翰．麥卡錫（John McCarthy）、馬文．明斯基（Marvin Minsky，人工智慧與認知學專家）、克勞德．夏農、艾倫．紐厄爾（Allen Newell，電腦科學家）、司馬賀（Herbert Simon，諾貝爾經濟學獎得主）等科學家正聚在一起，討論著一個在當時看來還遙不可及的主題：用機器來模仿人類學習及其他方面的智慧。

達特茅斯會議開了兩個月的時間，雖然大家沒有達成普遍的共識，但是卻為會議討論的內容起了一個名字：人工智慧。因此，1956 年也就稱為人工智慧元年。人工智慧被定義為機器思考的能力並以類似於人類的方式學習。

[077] Turing A M. Computing machinery and intelligence[J]. Mind, 1950, 59(236): 433-460.

從人工智慧的元年算起，人工智慧的研究發展已有幾十年的歷史。這期間，不同學科或學科背景的學者對人工智慧做出了各自的解釋，提出了不同觀點，由此產生了不同的學術流派。在這期間對人工智慧研究影響較大的有符號主義、聯結主義和行為主義三大學派。這三大學派主要的區別在於描述人類智慧的不同方面(思想、大腦、行為)。

早在人工智慧的概念提出之時，人工智慧的幾大派系的較量就已經開始了。在符號主義者的方法論裡，人工智慧應該模仿人類的邏輯方式獲取知識；聯結主義者認為大數據和訓練學習非常重要；行為主義者認為應該透過和環境的互動來實現特定目標。

(1) 思想(符號主義)。思維意識的表達，人類想法、抽象邏輯和情感的起源。

(2) 大腦(聯結主義)。使思考成為可能的令人驚嘆的大腦神經網路。

(3) 行為(行為主義)。「感知－行動」是人與環境的互動。

7.3
符號主義

在1956年人工智慧學科奠基人的達特茅斯學院會議之後，1956～1974年是人工智慧的黃金時期。

人工智慧第一個高潮是符號主義（又稱為邏輯主義、心理學派或電腦學派）。在派系鬥爭之初的幾十年間，符號主義派的風頭一直領先於其他對手。奉行聯結主義的機器學習在早年間長期受到符號主義者的鄙視。

從1950年代到1970年代，人們起初希望透過提升機器的邏輯推理能力實現機器智慧化。總體來講，符號主義認為人類思維的基本單元是符號，而基於符號的一系列運算就構成了認知的過程，所以人和電腦都可以被看成具備邏輯推理能力的符號系統。換句話說，電腦可以透過各種符號運算來模擬人的「智慧」。

因為人們的認知和這種學派對於AI的解釋是比較相近的，可以較容易地為大家所接受，所以符號主義在AI歷史中的很長一段時間都處於主導地位。

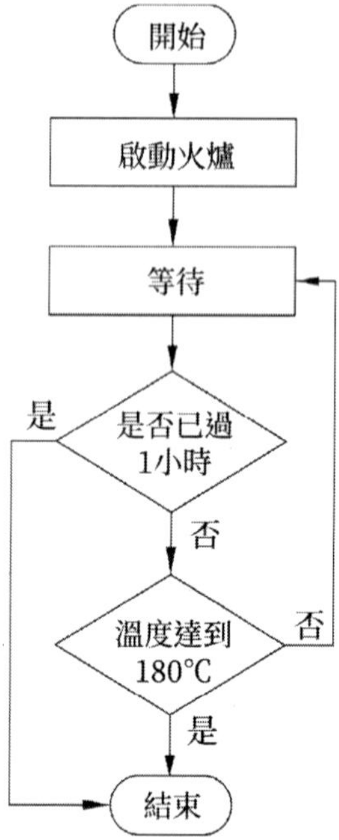

圖 7.2　符號主義程式中的一個流程圖範例

符號主義學派認為人工智慧源於數學邏輯，數理邏輯從19 世紀末起得以迅速發展，到 1930 年代開始用於描述智慧行為。電腦出現後，又在電腦上實現了邏輯演繹系統。

人類一直使用符號定義事物（如汽車）、人（如老師）、抽象概念（如「愛」）、行動（如跑步）或物理上不存在的事物（如神話）。正如第 6 章所討論的那樣，人們相信能夠用符號進行交流使我們比其他動物更聰明。

因此，人工智慧的早期先驅們很自然地假設智慧原則上可以用符號來精確描述，符號人工智慧占據了中心舞臺並成為人工智慧研究項目的重點。此外，電腦科學中的許多概念和工具，例如物件導向的程式設計，都是這些努力的結果。

符號主義代表人物馬文・明斯基寫了一本名為《感知器》(*Perceptron*) 的書，結果直接把神經網路和聯結主義給「寫死」了，如圖 7.3 所示。

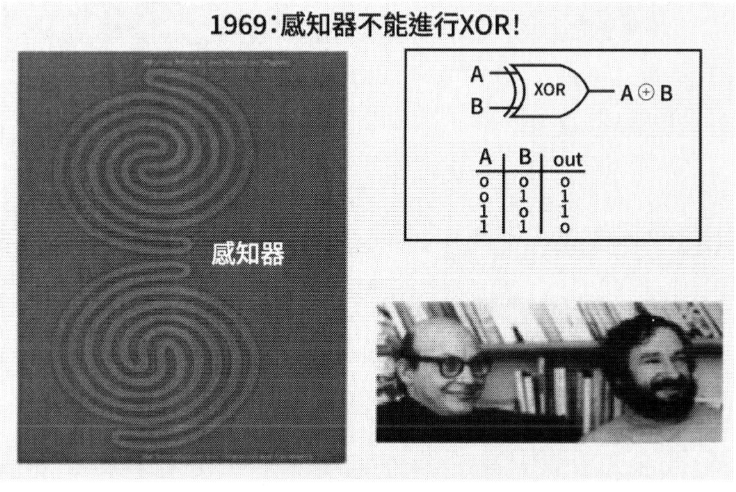

圖 7.3　馬文・明斯基的《感知器》一書

感知器是那個年代的神經網路。明斯基在書中向聯結主義發難：你們的感知器連最基本的「邏輯互斥或 (XOR)」都做不到，做出來還有什麼用[078]？也是在那一年，明斯基獲得了圖靈獎。

7.3.1　符號主義 AI 的成果

約翰·麥卡錫於 1958 年開發了 Lisp，這是 AI 研究中很受歡迎且仍然受歡迎的程式語言[079]。「機器學習」一詞是由亞瑟·塞繆爾創造的，用來描述對電腦進行程式設計以使其比編寫程式的人更好地下棋。

符號主義還有些代表性的成果，例如艾倫·紐厄爾等人發明的「邏輯理論家」，可以證明出《數學原理》（*Principia Mathematica*）中的 38 條數學定理（後來可以證明全部 52 條定理），而且某些解法甚至比人類數學家提供的方案更為巧妙。另一個例子是由赫伯特·西蒙等人提出的通用解難器（General Problem Solver）推理架構及啟發式搜尋思路，影響相當深遠（如 AlphaGo 就借鑑了這一思想）。

符號主義人工智慧的另外一個成功例子是專家系統，該系統被程式設計為模擬具有特定領域專家知識的人類或組織的判

[078]　Minsky M, Papert S. Perceptrons: an introduction to computational geometry[M]. Cambridge: MIT Press, 1969.

[079]　McCarthy J. History of lisp[J]. Acm sigplan notices, 1978, 13(8): 217-223.

斷和行為 [080]。這些系統中的「推理引擎」提供了高水準的專業知識。專家系統在工業中被廣泛使用。一個著名的例子是 IBM 的深藍（Deep Blue），它在 1997 年擊敗了西洋棋冠軍卡斯帕羅夫 [081]。日本政府重金在其第五代電腦專案（FGCP）中資助專家系統和其他 AI 相關工作。

專家系統對 20 世紀 AI 的繁榮起到了非常重要的推動作用，理論上來講它也屬於符號主義的研究成果。

由於這些鼓舞人心的成功故事，人工智慧獲得了前所未有的關注。研究人員樂觀地認為，一臺完全智慧的機器將在不到 20 年的時間內建成。然而經過十幾年研究發現，邏輯推理能力雖然提升了，機器卻沒有變得更聰明，邏輯似乎並不是開啟智慧大門的鑰匙，於是又加上人的知識，即專家系統，直至今天發展到知識圖譜。該典範的主要難點在於，對於許多問題，可能路徑的數量對於 AI 而言是天文數字，無法找到一個解法。單沿這條線，可以解決一些問題，但仍很有限。

---

[080] 武波，馬玉祥。專家系統 [M]. 北京：北京理工大學出版社，2001.

[081] Weber B. Computer defeats Kasparov, stunning the chess experts[J]. The New York Times, 1997, 5(5): 97-101.

7.3.2　第一個人工智慧冬天

1974～1980 年是第一個人工智慧冬天。人工智慧研究人員的巨大樂觀情緒讓人們寄予了很高的期望，當承諾的結果未能實現時，人工智慧的資金和興趣就消失了。

專家系統最適合處理靜態問題，但不適用於實時動態問題。因此，開發和維護變得極其困難。專家系統可以將狹義的智慧定義為抽象推理，與模擬世界複雜性的能力相去甚遠。

專家系統的智慧僅局限在一個很窄的領域，說它是「活字典」可能更準確。專家系統的主要難點在於知識的獲取建構及推理引擎的實現。所以學者們圍繞這些困難點發展了不少理論，比如反向鏈 (Backward Chaining) 推理、Rate 演算法等。

我們近幾年接觸到的知識圖譜及大數據探勘，也或多或少地與知識庫的發展有關聯性。

Lisp 機器的失敗也向符號主義潑了一盆冷水。Lisp 是當時研究 AI 領域常用的程式語言，Lisp 機器是專門被調整用來執行 Lisp 程式的電腦。1980 年代，研究 AI 的學校都買入了這種機器，最後卻發現用它們做不出來 AI。

之後就出現了 IBM PC 和麥金塔，比 Lisp 機器便宜，運算力更強。

1990 年代後期，隨著日本智慧電腦（第五代）被擊敗與人類百科全書 Cyc 專案的沒落，AI 再次進入寒冷的冬天。AI 一詞幾乎已成為禁忌，並且使用了更溫和的變體，例如「高級計算」。

另外，由於馬文．明斯基對感知器的毀滅性批判，聯結主義（或神經網路）領域幾乎完全封閉了 10 年。

7.4 聯結主義

聯結主義的學者認為人工智慧源於仿生學，特別是對人腦模型的研究。它的代表性成果是 1943 年由生理學家麥卡洛克和數理邏輯學家皮茨創立的腦模型，即 MP 模型，他們開創了用電子裝置模仿人腦結構和功能的新途徑。它從神經元開始進而研究神經網路模型和腦模型，開闢了人工智慧的又一發展道路。

7.4.1 感知器

受大腦啟發的聯結主義人工智慧的第一個例子是感知器，由心理學家弗蘭克．羅森布拉特（Frank Rosenblatt）在 1950 年代發明 [082]。它的靈感來自神經元處理大腦中資訊的方式，如圖 7.4 所示。一個神經元接收來自其他神經元的電或化學輸入。如果所有輸入的總和達到某個閾值，神經元就會觸發。在計算其輸入的總和時，神經元為來自更強聯結的輸入賦予更多權

[082] Rosenblatt F. The perceptron — a perceiving and recognizing automaton[M]. Cornell Aeronautical Laboratory, 1957.

重。調整神經元之間的聯結強度是在大腦中學習的關鍵。類似於神經元，感知器計算其輸入的加權總和，如果總和達到某個閾值，則輸出 1。

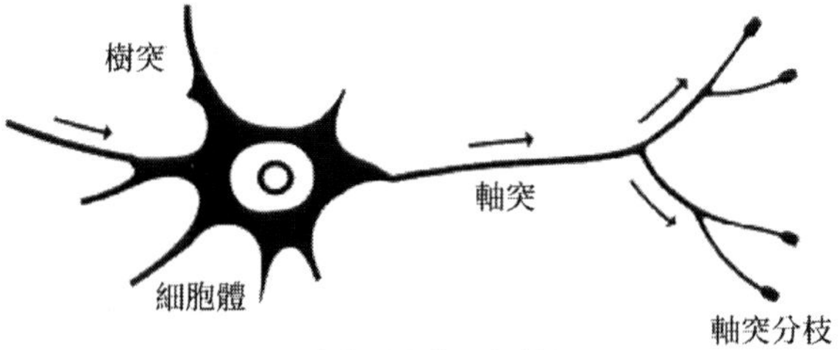

(a)大腦中的一個神經元

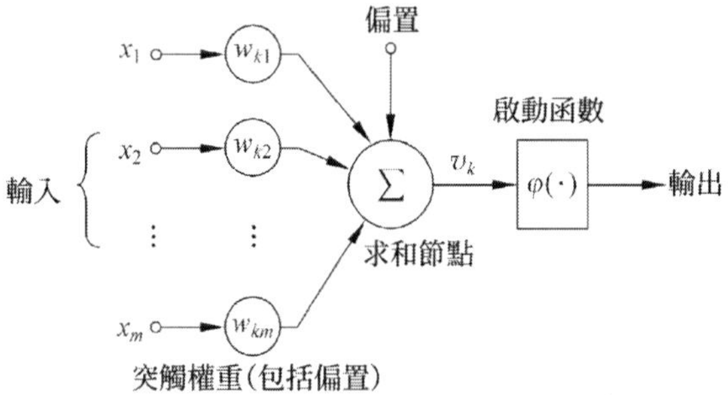

(b)感知器

圖 7.4 受大腦啟發的感知器

如何確定感知中的權重和閾值？與符號主義人工智慧不同，後者具有明確的規則設定程式設計師，感知透過訓練範例自行學習這些值。在訓練中，如果結果正確，則給予獎勵，否則將受到懲罰。

如果透過新增感知器層來增強感知器，則可以透過這種方法解決更廣泛的問題。這種新結構、多層神經網路構成了大部分現代人工智慧的基礎。

然而，在 1950 年代和 1960 年代，由於沒有通用演算法來學習權重和閾值，訓練神經網路是一項艱鉅的任務。

不幸的是，弗蘭克·羅森布拉特於 1971 年在一次划船事故中去世，享年 43 歲。

由於受到當時的理論模型、生物原型和技術條件的限制，腦模型研究在 1970 年代後期至 1980 年代初期落入低潮。

沒有突出的支持者，也沒有太多的政府資助，對神經網路和其他基於聯結主義的人工智慧的研究基本上停止了。特別是由於明斯基對感知器的強烈批判，聯結主義（或神經網路）派系低迷了近 10 年。

7.4.2　機器學習

儘管聯結主義方法的資金急遽減少，但一些聯結主義研究人員在 1970 年代和 1980 年代堅持不懈。約翰·霍普菲爾德教授在 1982 年和 1984 年發表兩篇重要論文 [083] [084]，提出用硬體

[083] Hopfield J J. Neural networks and physical systems with emergent collective computational abilities[J]. Proceedings of the national academy of sciences of the United States of America, 1982, 79(8): 2554-2558.

[084] Hopfield J J. Neurons with graded response have collective computational proper-

模擬神經網路以後，聯結主義才又重新抬頭。1986 年，大衛·魯梅爾哈特（David Rumelhart）等人提出多層網路中的反向傳播（BP）演算法。此後，聯結主義勢頭大振，從模型到演算法，從理論分析到工程實現，為神經網路走向市場打下基礎。

作為從專家系統的徹底正規化轉變，機器學習從 2010 年開始變得非常流行。機器學習不需要專家系統的編碼規則，而是讓電腦在海量數據的基礎上發現它們。

機器學習屬於人工智慧的聯結主義方法，它本質上模仿大腦。與努力模仿更高層級思維概念的符號 AI 相比，聯結主義 AI 建立了自適應網路，可以從大量數據中「學習」和辨識模式。有了足夠複雜的網路和足夠的數據，聯結主義者認為可以實現更高級的人工智慧功能，相當於真正的人類思維。

7.4.3 梯度下降

神經網路透過更新其權重和閾值來學習。執行此操作的標準學習演算法稱為「梯度下降」[085] [086]。

ties like those of two-state neurons[J]. Proceedings of the national academy of sciences, 1984, 81(10):3088-3092.

[085] Lemaréchal C. Cauchy and the gradient method[J]. Doc Math Extra, 2012, 251-254.

[086] Haskell B C. The method of steepest descent for nonlinear minimization problems[J]. Quart.appl.math, 1994, 2(3):258-261.

本書多次提到梯度的概念。梯度只是距離（如能量、質量、溫度、資訊等）差異的度量。由於「自然界憎惡梯度」，梯度意味著不穩定，因此可以透過減小梯度來穩定系統。我們在物理、化學、生物和人類現象中討論過這個過程。智慧就出現在這個過程中。

機器學習中的梯度是機器的實際輸出與機器的預期輸出之間的差異。例如，假設你想設計一個辨識貓的智慧機器，如果給機器一張貓的照片，預期的輸出是「這是一隻貓」；如果機器的實際輸出是「這是一隻狗」，這不是一個正確的答案，這就出現了梯度。梯度下降演算法用於最小化梯度，使真實輸出與預期輸出相同。

梯度下降演算法和岩石從山谷的斜坡上滾下有一個很好的類比。這也是我認為智慧在穩定宇宙的過程中自然出現的原因之一，就像滾石一樣自然。預期輸出和實際輸出之間的差異可以建模為一個函式，稱為代價函式（有時稱為損失函式或目標函式）。我們可以把這個代價函式看作山谷，神經網路的引數（權重和閾值）決定了岩石的位置。我們為球隨機選擇一個起點，然後模擬岩石滾下山坡時的運動。

梯度下降演算法的工作方式是計算代價函式的梯度，由此可以找到山坡的「向下」方向，然後將岩石向下移動（即改變神經網路的引數）。梯度下降演算法如圖 7.5 所示。透過重複應用這個更新規則，我們可以將岩石「滾下山坡」，並希望找到成本函式的最小值。換句話說，這是一個可用於在神經網路中學習的規則，直到達到底部（即區域性最小值）。

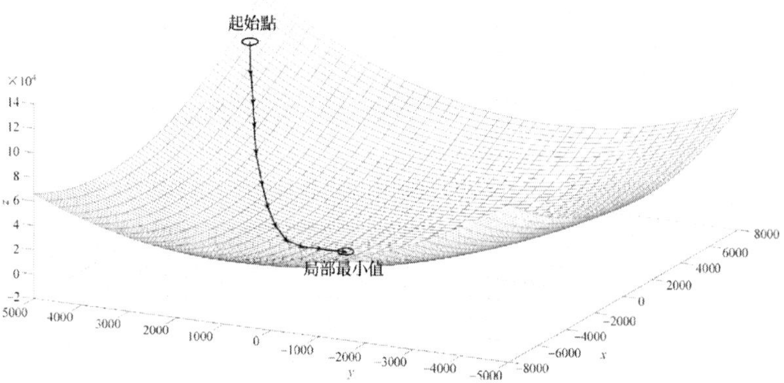

圖 7.5　梯度下降演算法

在實踐中直接應用梯度下降演算法有幾個挑戰。其中之一是訓練輸入數量非常大時速度慢。為了加快學習速度，可以使用「隨機梯度下降」。這個想法是使用隨機選擇的訓練輸入的小樣本，而不是所有樣本 [087]。

[087] Bottou L. Online algorithms and stochastic approximations[M]. Cambridge: Cambridge University Press, 1998.

7.4.4　反向傳播

梯度下降的另一個挑戰是如何有效地計算代價函式的梯度。如果網路中有 100 萬個權重，這意味著計算梯度需要計算代價函式 100 萬次，需要 100 萬次前向透過網路（每個訓練範例）。反向傳播演算法避免了重複子表達式，從而有效地計算代價函式的梯度 [088] [089]。

在反向傳播演算法中，根據前一次執行獲得的錯誤率對神經網路的權值進行微調。正確地採用這種方法可以降低錯誤率，每次前饋透過網路後，該演算法根據權值和偏差進行後向傳遞，調整模型的引數，提高模型的可靠性。

具體地說，神經網路輸出中的錯誤向後傳播，以將適當的責任歸咎於神經網路中的權重。透過逐漸修改權重，隨著訓練樣本越來越多，輸出誤差可以最小化到接近於零。反向傳播演算法出現在 1970 年代，但長時間內沒有流行，直到大衛・魯梅爾哈特、傑弗瑞・辛頓（Geoffrey Hinton）和羅納德・威廉姆斯（Ronald Williams）在 1986 年發表了一篇著名的論文，該論文描述了幾個神經網路，其中演算法的工作速度比早期的學習

---

[088]　Rumelhart D E, Hinton G E, Williams R J. Learning representations by back-propagating errors[J]. Nature, 1986, 323 (6088): 533-536.

[089]　Norvig P. Artificial intelligence: a modern approach, 3rd edition[M]. 北京：人民郵電出版社，2010.

方法要快[090]。因此，可以使用神經網路來解決以前不可能解決的問題。今天，反向傳播演算法是神經網路學習的主力軍。

7.4.5 監督學習

根據演算法的訓練方式，機器學習大致可以分為監督學習、無監督學習和深度學習三類，如表 7.1 所示。

準則	監督學習	無監督學習	深度學習
定義	在指導下使用標記資料學習	在沒有任何指導下使用未標記的資料學習	透過和環境互動學習
資料類型	標記資料	未標記資料	無預定義的資料
問題類型	分類與回歸	聚類與關聯	利用與探索
監督	有監督	無監督	無監督
演算法	線性回歸、邏輯回歸、SVM、KNN 等	K-Means、C-Means、Apriori 等	Q-Learning、A3C 等
目標	得出結果	發現潛在模式	最佳化長期收益
應用	目標辨識、預測等	推薦、異常檢測等	遊戲、自動駕駛汽車等

表 7.1 三種不同的機器學習對比

[090] Hinton G, Sejnowski T. Unsupervised learning: foundations of neural computation [M]. Cambridge: MIT Press, 1999.

監督學習是指透過在標記資料集上訓練模型來學習[091]。

假設你是一名坐在教室裡的學生，你的老師正在監督你。你的老師會給你一套訓練題。在你做完這套訓練題後，你的老師會告訴你，你是否做對了。監督學習具有類似的過程，其為標記的資料集提供解決方案，這將有助於模型的學習。圖 7.6 展示了一個監督學習的例子。監督學習處理的問題有兩類：分類問題和回歸問題。在分類問題中，演算法需要將輸入資料（如水果）分類為特定組（如蘋果、香蕉等）的成員。回歸問題用於連續資料，例如預測股票市場的價格。價格歷史被發送到機器進行訓練，未來價格由演算法預測。

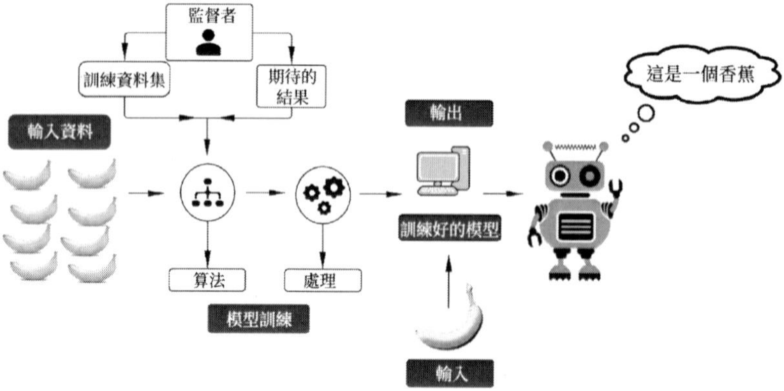

圖 7.6　一個對水果進行分類的監督學習範例

[091]　Norvig P. Artificial intelligence:a modern approach, 3rd edition[M]. 北京：人民郵電出版社，2010.

7.4.6 無監督學習

與監督學習不同，無監督學習不需要標記資料。相反，它旨在找到資料中隱藏的關係和模式[092]。無監督學習是自組織學習。機器被提供資料並被要求尋找隱藏的特徵，機器需要以一種有意義的方式對資料進行聚類。無監督學習的一個常見範例是聚類演算法，它採用資料集並在其中分組。例如，假設我們想將水果分成幾組，但我們不知道定義這些組的最佳方法，聚類演算法可以辨識它們，如圖 7.7 所示。

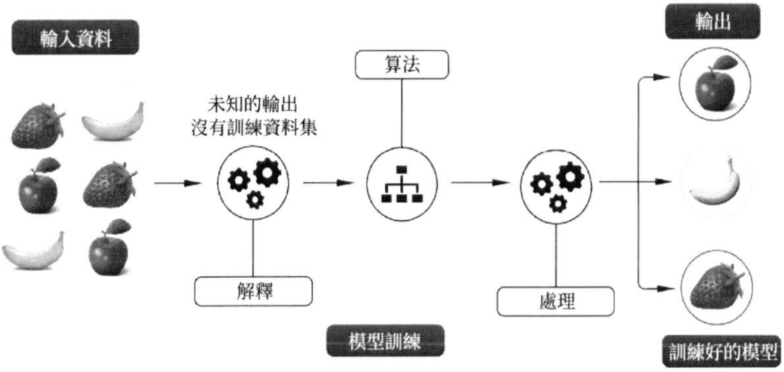

圖 7.7 一個對水果進行聚類的無監督學習範例

[092] Hinton G, Sejnowski T. Unsupervised learning:foundations of neural computation[M]. Cambridge:MIT Press, 1999.

7.4.7　深度學習

在機器學習技術中，深度學習已成為包括語音和影像辨識在內的許多應用中最有前途的技術 [093]。深度學習中的「深度」是指神經網路中層的深度。深度學習演算法由三層以上的神經網路組成，包括輸入和輸出。神經網路構成了深度學習演算法的支柱。

儘管對深度神經網路的研究已經持續了幾十年，但近年來深度神經網路的重大公開成功推動了對人工智慧的研究熱潮。2011 年，IBM 的 Watson 贏得了與兩個《危險邊緣》(*Jeopardy*，電視智力競賽節目）冠軍的比賽。2016 年，AlphaGo（Google 專攻圍棋的人工智慧）擊敗了歐洲冠軍樊麾和圍棋世界冠軍李世乭 (Lee Sedol)（見圖 7.8)，然後是它自己 (AlphaGo Zero)。2020 年，AlphaFold 解決了生物學的一項重大挑戰：預測蛋白質如何從胺基酸分子線性鏈捲曲成 3D 形狀，使它們能夠執行生命任務。

---

[093]　Bengio Y, LeCun Y, Hinton G. Deep learning[J]. Nature, 2015, 521 (7553):436-444.

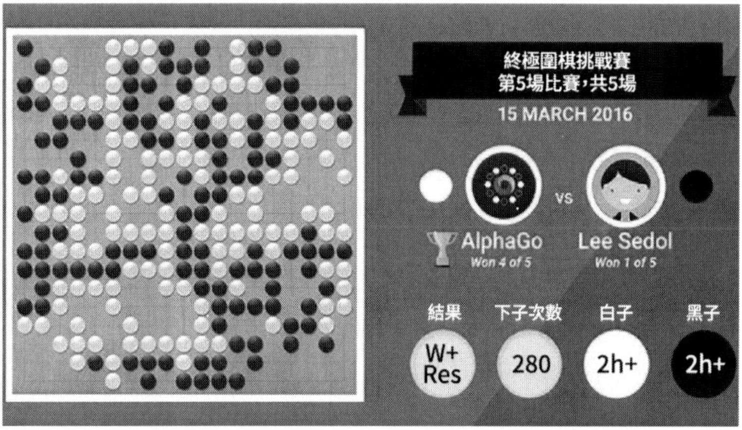

圖 7.8 AlphaGo 擊敗圍棋世界冠軍李世乭的棋局

一些成功的深度網路是那些結構模仿大腦部分的網路，這些部分是根據神經科學的發現建模的。

從 1958 年到 1970 年代後期，神經科學家大衛．休伯爾（David H.Hubel）和托斯坦．威澤爾（Torsten Wiesel）合作探索視覺皮層神經元的感受特性。他們在初級視覺皮層中發現了兩種主要的細胞類型。第一種類型是簡單的細胞，當放置在特定的 t 位置（建立方向調整曲線）時，會響應明暗條。第二種類型是複雜細胞，具有較不嚴格的響應曲線。他們得出結論，複雜細胞透過彙集來自多個簡單細胞的輸入來實現這種不變性[094]。

[094] Hubel D H, Wiesel T N. Receptive fields, binocular interaction and functional architecture in the cat's visual cortex[J]. The journal of physiology, 1962, 160

這兩個特徵（對特定特徵的選擇性和透過前饋連結增加空間不變性）構成了人工視覺系統的基礎。他們的工作奠定了視覺神經科學的基礎，並提供了對視覺系統中資訊處理的基本見解。他們的工作為他們贏得了 1981 年的諾貝爾生理學或醫學獎。

圖 7.9 顯示了從眼睛到大腦皮層的視覺輸入路徑和視覺層級結構。

沿著這條路徑，單個單元的感受野大小隨著在網路層中的進展而增長，就像我們從 V1 進展到 IT 一樣。此外，這個層級結構中不同層的神經元充當「檢測器」，對場景中越來越複雜的特徵做出反應。第一層檢測邊緣和線條，然後是由這些邊緣組成簡單形狀，再到更複雜的形狀。

受休伯爾和威澤爾發現的啟發，日本工程師福島於 1970 年代開發了第一個名為「新認知」的深層神經網路，該網路在經過一些訓練後成功辨識手寫數字。雖然新認知很難辨識複雜的視覺內容，但它成為應用最廣泛、影響最大的深層神經網路之一——卷積神經網路（Convolutional Neural Networks，CNN）的一個重要啟示。

---

(45):106-154.

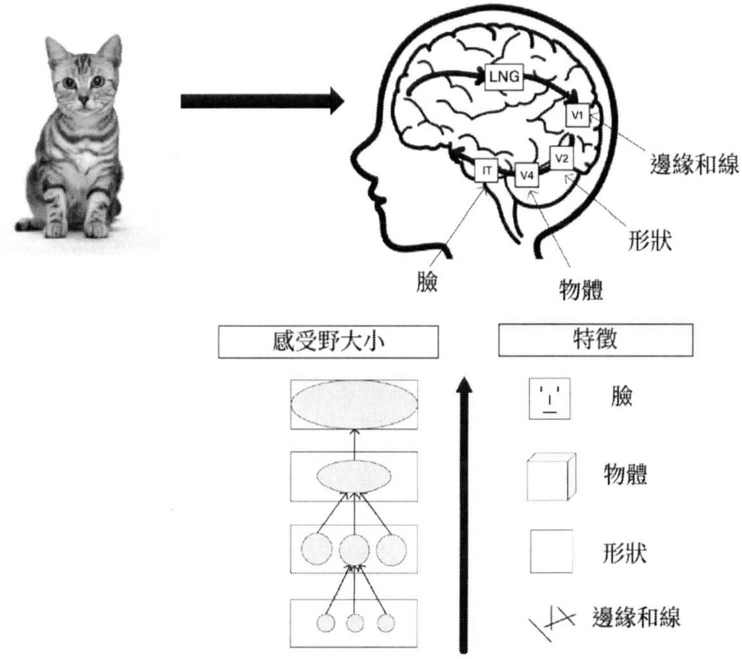

圖 7.9 眼睛到大腦皮層的視覺輸入路徑和視覺層級結構

注：LNG —— lateralgeniculatenucleus（外側膝狀體核）；V1 —— 視區 1；V2 —— 視區 2；V4 —— 視區 4；IT —— 下顳葉皮質。

7.4.8 卷積神經網路

卷積神經網路最早由楊立昆（Yann LeCun）在 1980 年代提出[095]。他訓練了一個小型卷積神經網路來進行手寫數字辨識。

[095] LeCun Y, Boser B, Denker J S, et al. Backpropagation applied to handwritten zip code recognition[J]. AT&T Bell Laboratories, 1989, 1(4): 541-551.

1999 年，隨著 MNIST 資料集的引入，卷積神經網路取得了進一步的進展。

儘管取得了這些成功，但由於培訓被認為是困難的，這些方法在研究界逐漸消失。此外，許多工作都集中在手工設計影像中要檢測的特徵，這是基於對資訊量最大的信念。在基於這些手工製作的特性進行過濾之後，學習只會在最後階段進行，即將特性對映到對象類。

圖 7.10 顯示了一個 4 層卷積神經網路，用於辨識動物照片。在圖 7.10 中，卷積神經網路的每一層只有三個重疊的矩陣，實際上需要更多矩陣。這些矩陣代表卷積核 (Kernel)，類似於休伯爾和威澤爾發現的大腦視覺系統。卷積神經網路透過監督學習進行點到點的訓練，因此提供了一種以最適合任務的方式自動生成特徵的方法。

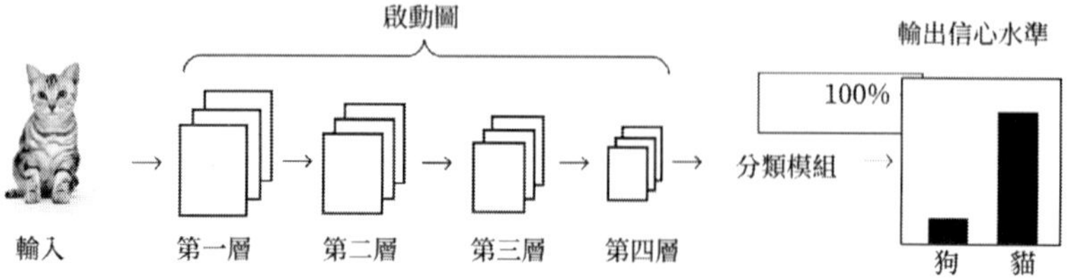

圖 7.10　一個用於辨識動物照片的 4 層卷積神經網路

7.5
行為主義

7.5.1　行為智慧

行為主義是一種基於「感知 —— 行動」的行為智慧模擬方法。

控制論思想早在 1940 年代就成為時代思潮的重要部分，影響了早期的人工智慧工作者。維納和麥卡洛克等人提出的控制論和自組織系統及錢學森等人提出的工程控制論和生物控制論，影響了許多領域。控制論把神經系統的工作原理與資訊理論、控制理論、邏輯及電腦聯繫起來。

早期的研究工作重點是模擬人在控制過程中的智慧行為和作用，如對自我最佳化、自我調適、自我穩定、自組織和自我學習等控制論系統的研究，並進行「控制論動物」的研製。到 1960 年代，上述這些控制論系統的研究取得一定進展，播下智慧控制和智慧機器人的種子，並在 1980 年代誕生了智慧控制和智慧機器人系統。

7.5.2　強化學習

強化學習（Reinforcement Learning，RL），是機器學習的正規化和方法論之一，用於描述和解決智慧體在與環境的互動過程中透過學習策略以達成回報最大化或實現特定目標的問題[096]，如圖 7.11 所示。

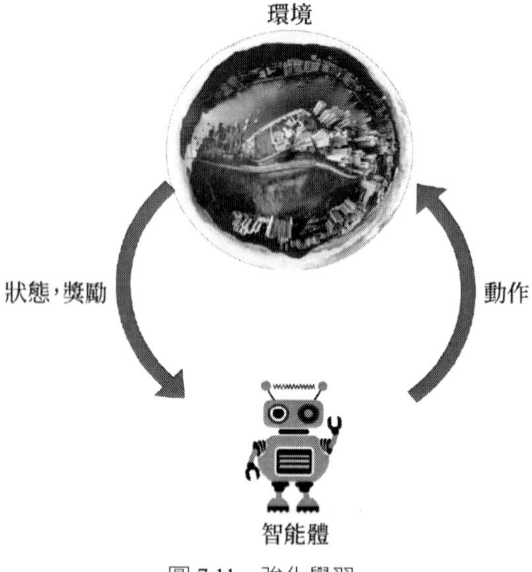

圖 7.11　強化學習

強化學習的靈感來源於心理學中的行為主義理論，即有機體如何在環境給予的獎勵或懲罰的刺激下，逐步形成對刺激的

[096]　Sutton R S, Barto A G. Reinforcement learning: an introduction (2nd ed)[M]. Cambridge: MIT Press, 2018.

預期，產生能獲得最大利益的習慣性行為。因此，強化學習可以被分類在行為主義的範疇。

強化學習最早可以追溯到巴夫洛夫的古典制約實驗。在實驗中，一個刺激和另一個帶有獎賞或懲罰的無條件刺激多次聯結，可使個體學會在單獨呈現該刺激時，也能引發類似無條件反應的條件反應。

古典制約最著名的例子是巴夫洛夫的狗的唾液條件反射。在這個實驗中，每次送食物給狗以前開啟紅燈、響起鈴聲。這樣經過一段時間以後，鈴聲一響或紅燈一亮，狗就開始分泌唾液。

強化學習從動物行為研究和最佳化控制兩個領域獨立發展，最終經理查．貝爾曼（Richard E. Bellman）之手將其抽象為馬可夫決策過程（Markov Decision Process，MDP）[097]。

馬可夫決策過程是序貫決策（sequential decision making）的數學模型，用於在系統狀態具有馬可夫性質的環境中模擬智慧體可實現的隨機性策略與回報。馬可夫決策過程得名於俄國數學家安德烈．馬可夫，以紀念其為馬可夫鏈所做的研究。

強化學習採用的是邊獲得環境的樣例邊學習的方式，在獲得樣例之後更新自己的模型，利用當前的模型來指導智慧體下

[097] Dreyfus S. Richard Bellman on the birth of dynamic programming[J]. Operations research, 2002, 50(1): 48-51.

一步的行動，下一步的行動獲得獎勵之後再更新模型，不斷疊代重複直到模型收斂。

在這個過程中，非常重要的一點在於「智慧體在已有當前模型的情況下，怎樣選擇下一步的行動才對完善當前的模型最有利」，這就涉及強化學習中的兩個非常重要的概念：利用（exploitation）和探索（exploration）。利用是指選擇已執行過的動作，從而對已知動作的模型進行完善；探索是指選擇之前未執行過的動作，從而探索更多的可能性。

強化學習中最重要的三個特點是：

（1）學習基本是以一種智慧體和環境閉環的形式；

（2）智慧體不會直接指示選擇哪種動作；

（3）一系列的動作和獎勵會影響學習過程中較長的時間。

由於近些年來深度學習技術不斷突破，強化學習和深度學習重新整合，強化學習有了進一步的運用。比如讓電腦學著玩遊戲，比如圍棋、星際爭霸等。強化學習也能讓你的遊戲程式從對當前環境完全陌生，成長為一個在環境中遊刃有餘的高手。

AlphaGo 成功地利用深度加強學習擊敗人類職業圍棋選手，成為第一個戰勝圍棋世界冠軍的人工智慧機器人[098]。

---

[098]　D Silver, Huang A, Maddison C J, et al. Mastering the game of Go with deep neu-

AlphaGo 由 Google 旗下 DeepMind 公司的團隊開發。其主要工作原理是「深度強化學習」。AlphaGo 結合了數百萬人類圍棋專家的棋譜及強化學習進行了自我訓練。

2016 年 3 月，AlphaGo 與圍棋世界冠軍、職業九段棋手李世乭進行圍棋人機大戰，以 4 ： 1 的總比分獲勝；2016 年年末 2017 年年初，該程式在中國棋類網站上以「大師」（Master）為名，註冊帳號與中日韓數十位圍棋高手進行快棋對決，連續 60 局無一敗績；2017 年 5 月，在中國烏鎮圍棋峰會上，它與排名世界第一的世界圍棋冠軍柯潔對戰，以 3 ： 0 的總比分獲勝。圍棋界公認 AlphaGo 的棋力已經超過人類職業圍棋頂尖水準，在 Go Ratings 網站公布的世界職業圍棋排名中，其等級分曾超過排名人類第一的棋手柯潔。

2017 年 5 月 27 日，在柯潔與 AlphaGo 的人機大戰之後，AlphaGo 團隊宣布 AlphaGo 將不再參加圍棋比賽。

2017 年 10 月 18 日，DeepMind 團隊公布了最強版 AlphaGo，代號 AlphaGo Zero。AlphaGo Zero 的能力則在這個基礎上有了本質的提升。最大的區別是，它不再需要人類資料。也就是說，它一開始就沒有接觸過人類棋譜。研發團隊只是讓它自由隨意地在棋盤上下棋，然後進行自我博弈。

---

ral networks and tree search[J]. Nature, 2016, 529 (7587): 484-489.

AlphaGo Zero使用新的強化學習方法，讓自己變成了老師。系統一開始甚至並不知道什麼是圍棋，只是從單一神經網路開始，透過神經網路強大的搜尋演算法，進行了自我對弈。

隨著自我博弈的增加，神經網路逐漸調整，提升預測下一步的能力，最終贏得比賽。更為厲害的是，隨著訓練的深入，AlphaGo 團隊發現，AlphaGo Zero 還獨立發現了遊戲規則，並走出了新策略，為圍棋這項古老遊戲帶來了新的見解。

強化學習這個方法具有普適性，因此在其他許多領域都有研究，例如控制論、博弈論、運籌學、資訊理論、模擬最佳化方法、多主體系統學習、群體智慧、統計學及遺傳演算法。

7.6

學派之爭與統一

早在人工智慧的概念提出之時，以上幾大人工智慧的派系鬥爭就已經開始了。符號主義者認為，智慧機器應該模仿人類的邏輯思考方式來獲取知識；在聯結主義者的眼中，大數據和訓練學習最為重要；行為主義者認為，人工智慧應該透過智慧體和環境的互動來實現特定目標。

歷史上，人工智慧的寒冬或多或少和幾大派系的鬥爭有一些關係。用統一的理論來描述和研究人工智慧一直是人們的夢想。

為了面對現實世界的人工智慧需要解決的問題，智慧體必須能夠處理複雜性（Complexity）和不確定性（Uncertainty）問題。符號人工智慧主要透過使用邏輯關係和抽象複雜世界來關注複雜性問題，而聯結和行為人工智慧主要透過使用機率表示關注不確定性問題。

然而，符號人工智慧基於人類有限的知識，不能有效地發現細微的邏輯和未知的規律，通常太脆弱，無法處理許多應用程式中存在的不確定性和雜訊。而聯結和行為人工智慧通常很難處理複雜的概念和關係。當神經網路結構過於簡單時，存在欠擬合風險；當神經網路結構過於複雜時，會出現過擬合現象。訓練聯結和行為人工智慧需要大量資料。聯結和行為人工智慧的黑箱性質造成不可解釋性，使得關鍵任務（mission-critical）系統（如自動駕駛）不能依賴聯結和行為人工智慧。

為了處理大多數現實世界問題中存在的複雜性和不確定性，我們需要融合符號、聯結和行為人工智慧。單獨一個無法提供支持人工智慧應用程式所需的功能。目前，符號人工智慧的實現仍然比聯結和行為人工智慧廣泛得多，因為現代計算的所有基本功能、數學函式、傳統軟體和應用程式都使用符號邏輯，即使高級功能也是統計驅動的。

未來，這幾個學派需要完全融合，因為大多數人工智慧應用同時需要符號人工智慧的表現力及聯結和行為主義人工智慧的機率穩健性。不幸的是，符號人工智慧與聯結和行為主義人工智慧之間的分歧非常深。

7.7
通用人工智慧

7.7.1 樂觀的觀點

人工智慧成功地完成了一些人類所做的事情，甚至做得更好。隨著人工智慧的發展，人類智慧與人工智慧之間的差距似乎正在迅速縮小。

諸如此類的新聞和科幻電影讓我們相信，通用人工智慧 (Artificial General Intelligence) 或超級人工智慧的發展在未來可能不會太遠。具有通用人工智慧的智慧體能夠理解或學習人類可以完成的任何智力任務。

許多專家對通用人工智慧持樂觀態度。最著名的預測之一來自著名的發明家和未來學家雷蒙．庫茲韋爾 (Raymond Kurzweil)，他提出了人工智慧奇點的想法。在不久的將來，當電腦具備自我改進和自主學習的能力時，將迅速達到並超越人類的智力等級。Google 於 2012 年聘請他幫助實現這一願景。

庫茲韋爾的所有預測都基於許多科學技術領域的「指數級進步」思想，尤其是電腦。例如，根據摩爾定律，電腦晶片上的元件數量大約每 18 個月翻一倍，導致元件越來越小（和便宜），計算速度和記憶體以指數速度增加。

7.7.2　悲觀的觀點

事實上，電腦比人類做得更好的事實似乎貫穿了電腦的歷史。在 1940 年代，電腦在計算超速彈殼的軌跡方面取代了人類，並成為超人[099]。這是電腦擅長的許多工作中的第一個。

在人工智慧的歷史上，許多從業者之前都過於樂觀了。

例如，1965 年，人工智慧先驅司馬賀（Herbert Simon）表示：「機器將能夠在 20 年內完成人類可以完成的任何工作。」1980 年，日本的第五代電腦有一個十年的時間表，其目標是「進行隨意的談話」。

然而，儘管人工智慧的最新進展突顯了人工智慧執行任務的能力比人類更有效，但它們通常並不智慧。對於單個功能（如圍棋遊戲），它們非常好，而做其他任何事情的能力都為零。因此，雖然人工智慧應用程式在執行一項特定任務時可能與成年人一樣有效，但在競爭任何其他任務時，它可能會輸給小孩子。例如，雖然電腦視覺系統擅長理解視覺資訊，但不能

[099] Campbell-Kelly M. Computer: a history of the information machine[M]. New York: Routledge, 2018.

將這種能力應用於其他任務。相比之下，人類雖然有時不擅長執行特定功能，但可以執行比當今任何現有人工智慧應用程式更廣泛的功能。

深度學習的成功與其說是人工智慧的新突破，不如說是得益於網際網路的大量資料的可用性及電腦硬體的提升，尤其是圖形處理單元（GPU）的進步。楊立昆指出：「一種已經存在20～25年的技術基本上沒有改變，結果證明是最好的，這種情況很少見。人們接受它的速度簡直令人驚嘆。我以前從未見過這樣的事情。」

訓練資料對深度學習有重大影響。原則上，給定無限資料，深度學習系統足夠強大，可以表示任何給定輸入集和相應輸出集之間的任何有限確定性「對映」。

旨在產生類似人類的語言、最複雜的深度學習模型之一，被稱為 GPT-3，或第三代 Generative Pre-trained Transformer。

這是一種神經網路機器學習模型，使用網路資料訓練生成任何類型的文字。GPT-3 的深度學習神經網路擁有超過 1750 億的機器學習引數，需要的能量相當於 126 個丹麥家庭每年消耗的能量，產生的碳足跡相當於單次訓練時開車行駛 700,000km。

相比之下，人腦的工作功率為 20W，這足以覆蓋整個人的思考能力。人工智慧需要驚人的能量才能從數百萬張圖片中辨識出一張貓的圖片。要解決問題，它需要整個資料中心保持低溫。如果想用人工智慧來複制人類大腦所能做的一切，將需要大量的核電站來提供必要的能量。

人工智慧研究員、紐約大學心理學系教授加里·馬庫斯（Gary Marcus）對通用人工智慧持悲觀態度，因為深度學習技術鎖定了表示因果關係（如疾病與其症狀之間）的方式，並且可能在獲取上面臨挑戰抽象的概念。它們沒有執行邏輯推理的明顯方法，而且它們離整合抽象知識還有很長的路要走，例如關於什麼是對象、它們的用途及它們通常如何使用資訊[100]。他認為「一般人類級別的人工智慧幾乎沒有進步」。

我們離創造通用人工智慧還有多遠？「猜想一下，加倍，三倍，四倍。」這是艾倫人工智慧研究所所長奧倫·伊奇奧尼（Oren Etzioni）的評論。特斯拉人工智慧高級主管安德烈·卡帕斯（Andrej Karpathy）提到「我們真的，真的很遠」。許多其他研究人員都持有這種悲觀的觀點，包括《人工智慧：思考人類的指南》（*Artificial Intelligence: A Guide for Thinking Humans*）一書的作者梅拉妮·米歇爾（Melanie Mitchell）。

[100]　Marcus G. Deep learning: a critical appraisal[J]. arXiv: 1801.00631, 2018.

7.8
智慧的本質和智慧科學

不管是為了解決人工智慧幾大派系的鬥爭，還是為了通用人工智慧，人們一直試圖弄清楚智慧的本質是什麼。我們不僅需要建構人工智慧系統來進行視覺和自然語言理解，還需要了解智慧的本質。

目前人工智慧的工作主要集中在設計新產品、新系統和新想法。這主要是工程領域的工作，缺少對智慧本質和智慧科學的探索。所以說，目前人工智慧首先是技術，而不是科學。人工智慧研究人員需要做的是建構、設計強大的智慧系統。如果系統執行良好，我們再去嘗試探究系統執行良好的原因，這才是科學。

科學家所要做的是提出描述世界的新概念，然後使用科學方法研究解釋系統的原理，這也是人工智慧的兩方面。研究人工智慧，既是一個技術問題，又是一個科學問題。

以蒸汽機為例，新發明會推動理論研究。在發明蒸汽機百餘年後，熱力學誕生了，而熱力學本質上是所有科學或自然科學的基礎。

另外一個例子是飛機的發明。19 世紀後期，法國航空業的先驅克萊芒·阿代爾（Clément Ader）製造的飛機實際上西元 1890 年代就可以靠自身的動力起飛，比萊特兄弟早了 30 年。但是他的飛機形狀像一隻鳥，缺乏可控性。所以飛機起飛後，飛行了 15 公尺就墜毀了。究其原因，是他只考慮到了仿生但沒有真正理解其中的原理。圖 7.12 為 19 世紀後期法國航空業的先驅阿代爾設計的像鳥一樣的飛機 Avion。

圖 7.12　飛機 Avion

注：這個飛機在法國巴黎藝術與工藝博物館展覽。

這個設計由於缺乏空氣動力學的理論支撐，終究沒有走遠。

阿代爾的飛機充滿了想像力，在引擎設計方面他是個天才，不過由於缺乏空氣動力學的理論支撐，他的設計終究沒有走遠。所以對於試圖從生物學中獲得啟發的人來說，這是一個有趣的教訓，我們還需要了解基本原理是什麼。生物學中有很多細節是無關緊要的。

1903 年的萊特兄弟，以及更早期的克萊門特，他們發明了飛機。三十多年後，西奧多．馮．卡門 (Theodore von Kármán) 發現了空氣動力學理論。在這個例子中，飛機的發明與空氣動力學至少是同等重要的。

所以對於人工智慧來說，例如深度學習效果很好，它是一項發明，一種貢獻，是一個非常強大的人工智慧系統，當然，我們需要探究深度學習為何如此有效，也就是智慧的本質和智慧科學。

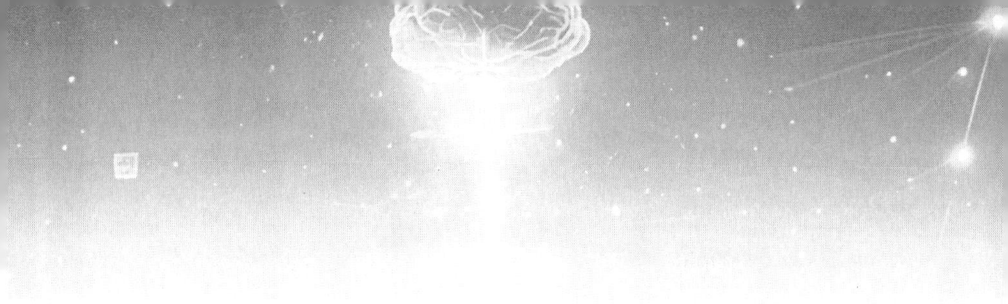

第八章　物質、能源、資訊

科學在每次葬禮上前進。

——馬克斯・普朗克（Max Planck）

人工智慧的未來取決於對我所說的一切深表懷疑的人。

——傑弗瑞・辛頓，深度學習之父

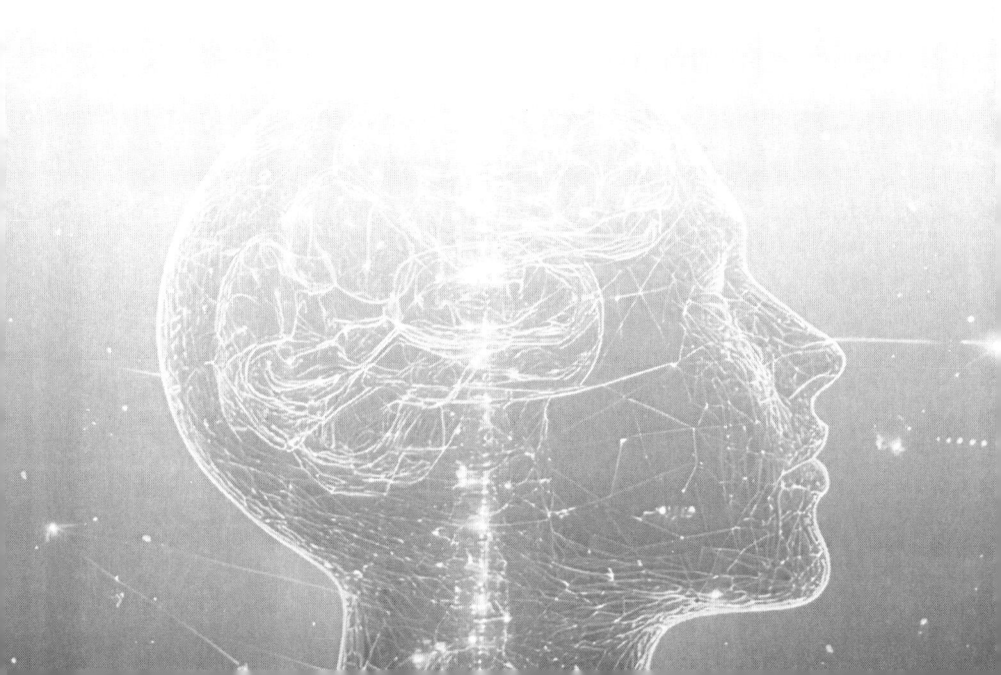

從人工智慧的各個學派之爭到關於通用人工智慧不同觀點我們可以看到，目前還缺少對人工智慧，或者智慧本身的科學的認識。

目前的人工智慧大部分工作都停留在一個學術探索、試錯、累積的狀態，還沒有形成一個完備的體系；甚至還沒有歸納出嚴格的形式規範、理論基礎和評估方法。由於缺乏統一的理論，目前的人工智慧就像現代化學學科出現之前的煉丹術，空氣動力學出現之前的仿鳥飛行。

本章回顧人類科技歷史中涉及的幾個重要因素：物質、能源、資訊和智慧。從這個角度來看，我們的科技歷史可能會給我們一些認識智慧的未來方向的提示。此外，本章討論了對智慧的數學建模以推動人工智慧從工程走向科學。

8.1

技術發明促進宇宙穩定

在認知革命之後，人類獲得了發明技術的能力，以比以往任何時候都更有效地為穩定宇宙這一過程做出貢獻。

同時，這些技術極大地幫助了人類的合作。合作是人類社會的核心，從日常生活的鄰里互助到成千上萬人共同合作的大工程。人類是一種社會物種，依靠合作才能生存和繁榮。與其他物種相比，人類是唯一可以大規模靈活合作的物種 [101]。

這些合作，從本質上說，形成了有序的特殊社會經濟結構，使得物質、能量、資訊和智慧迅速流動，從而促進宇宙穩定。

具體來說，為了加強人類在社會經濟系統中的合作，我們發明了一系列的技術，使物質（交通網）、能源（能源網）和資訊（網際網路）聯成四通八達的道路。這些技術有效地緩解了物質、能源和資訊的不平衡，從而穩定了宇宙。

回顧科技歷史，我們可以得到一些關於人工智慧相關技術未來方向的提示。圖 8.1 展示了這個技術演化過程。

---

[101] Harari Y N. Sapiens: A brief history of humankind[M]. Londres:Harvill Secker, 2014.

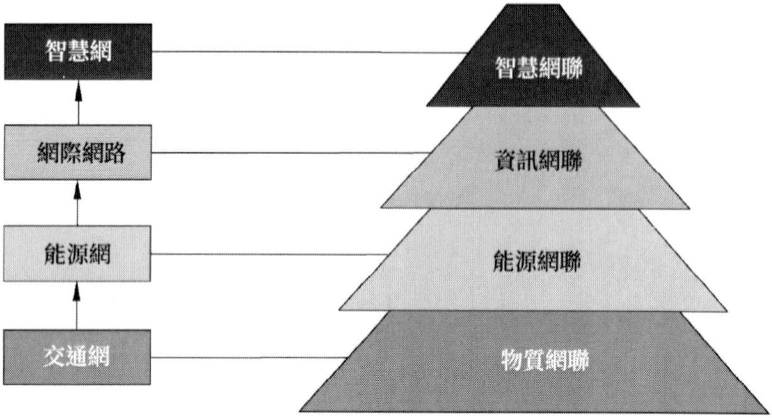

圖 8.1　人工智慧相關技術的演化過程

8.2

物質網聯——交通網

所有生物，包括人類，都需要物質和能量才能生存。

從本質上講，運輸的主要目的是將物質從一個位置移動到另一個位置，這就是物質網聯。毫無疑問，交通在人類的合作中發揮了至關重要的作用，包括生存、社會活動、貿易、戰爭等。

輪軸組合發明於西元前 4500 年左右，通常被認為是有史以來非常重要的發明，因為它對交通和人類的合作產生了根本性的影響。

19 世紀和 20 世紀發明了許多新的運輸技術，如腳踏車、汽車、卡車、火車、飛機等。20 世紀，飛機、高速列車、太空船是定義運輸技術的一些例子。

8.3

能源網聯——能源網

能量是衡量系統引起變化的能力。熱力學第一定律指出，能量不能被創造或消失。但是，它可以從一個位置轉移到另一個位置，也可以從一種形式轉換成另一種形式。能量有兩大類，動能（運動物體的能量）和勢能（儲存的能量）。動能表示為

$$E=\frac{1}{2}mv^2=\frac{1}{2}m\left(\frac{d}{t}\right)^2$$

其中，m 是物體的質量，v 是速度，d 是距離，t 是時間。

除了物質網聯技術，另一個重大創新是能源網聯技術，這不僅是人類生存的基礎，也是人類繁榮的基礎。

電網是由輸電線路、變電站、變壓器等組成的網路，可以將電能從發電廠輸送到家庭和企業。現在，只需接入電網，我們就可以輕鬆獲取能源，在夜間點亮燈、為電腦供電、為手機充電和為我們的房屋降溫。

8.4

資訊網聯——網際網路

繼交通網和能源網之後，網際網路使人類的合作邁上了一個新的臺階。網際網路的主要目的是將資訊從一個位置傳到另一個位置，它是使用 Internet 協議套件 TCP ／ IP 使人和機器互聯的電腦網路的全球系統。透過實現資訊聯網，網際網路已成為我們社會經濟系統的主要基礎之一。

資訊和能量之間有著密切的聯繫。這種聯繫可以用馬克士威的「妖」[102] 來解釋，這是物理學家詹姆士．馬克士威（James Maxwell）在西元 1867 年設計的思想實驗。在這個思想實驗中，「妖」能夠將資訊（即位置和每個粒子的速度）轉化為能量，導致系統熵的減少。

圖 8.2 描述了這個實驗。該實驗涉及一個孤立的系統。裝置由一個包含任意氣體的簡單長方體組成。長方體被分成兩個大小相等且溫度均勻的區域。在粒子分裂的邊界上住著「妖」，它「小心翼翼」地過濾隨機散落的粒子，使所有具有較

[102] Maruyama K, Nori F, Vedral V. Colloquium: The physics of maxwell's demon and nformation[J]. Review of modern Physics, 2009, 81(1): 1-23.

高動能的粒子最終聚集在一個區域，而其餘動能較低的粒子則在另一個區域四處遊蕩，如圖 8.2 所示。

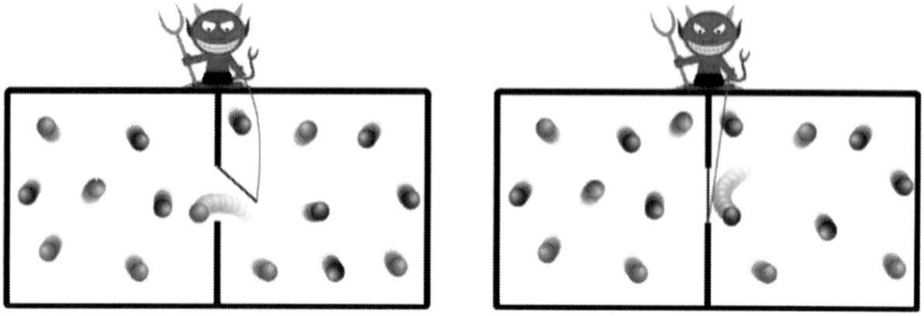

圖 8.2　馬克士威「妖」實驗

根據熱力學第二定律，孤立系統的熵趨於增大。但是這個馬克士威的「妖」使得系統的熵趨於減少。所以這個思想實驗激發了熱力學與資訊理論之間關係的理論工作。

對馬克士威「妖」的「圍剿」要等到夏農的資訊理論出現，得到或者擦除資訊都同樣需要能量。也就是說，馬克士威「妖」要想得到分子速度的資訊必須消耗能量，這樣就增加了熵，而且熵的增量比馬克士威「妖」為了平衡熵而失去的量還多。

最終馬克士威「妖」被消滅了，熱力學第二定律的地位得到了捍衛。

夏農努力尋找一種量化資訊的方法，這使他得到了與熱力學中形式相同的熵公式。熱力學熵測量能量的擴散：在特定溫度下，在一個過程中擴散了多少能量，或者擴散得有多廣。

$$dS = \frac{\delta Q}{T}$$

其中，dS 是熵的變化，δQ 是傳遞的能量，T 是溫度。

統計熱力學中的熵由路德維希·波茲曼（Ludwig Boltzmann）在西元 1870 年代透過分析系統微觀元件的統計行為提出[103]。波茲曼指出，熵的這個定義等價於一個常數因子內的熱力學熵 —— 波茲曼常數。總之，熵的熱力學定義提供了熵的實驗定義，而熵的統計定義擴展了熵的概念，提供了對其本質的解釋和更深入的理解。統計熱力學中的熵可以解釋成是不確定性、無序的度量。

具體來說，有

$$S = -k_B \sum_i p_i \log p_i$$

其中，pi 是系統處於第 i 個狀態的機率，通常由波茲曼分布給出；kB 是波茲曼常數。

熱力學熵和夏農熵在概念上是等價的，由熱力學熵計算的排列數量反映了實現任何特定物質和能量排列所需的夏農資訊

[103]　Johnson E. Anxiety and the equation: understanding boltzmann's entropy[M]. Cambridge: MIT Press, 2018.

量。熱力學熵和夏農熵之間的唯一顯著區別在於度量單位，前者表示為能量除以溫度的單位，後者表示為基本上無因次量的資訊位。

8.5
獲取智慧

透過運輸網、能源網和網際網路，我們已經能夠比較方便地獲得物質、能源和資訊。將來我們能否方便地獲得智慧，就像獲得物質、能源和資訊一樣簡單？顯然，目前還不能完全實現這樣的夢想。

8.5.1　智慧網聯的挑戰

當前的人工智慧演算法涉及的資料量很大，資料的可信度非常重要。人工智慧演算法需要更好的資源來探索訓練模型的資料，以更有效地解決問題。然而，透過當前的網際網路，對高精度和隱私意識的資料或智慧的共享是困難的。

因此，大多數現有的人工智慧工作都專注於訓練單個智慧體。該智慧體嚴重依賴具有本地環境的大量預定義資料集。然而，在實踐中，許多有趣的系統要麼太複雜，無法在固定的、預定義的環境中正確建模，要麼動態變化[104] [105]。此外，雖然這種方法可以從一些動物學習[106]的研究中得到驗證，但動物學習與人類學習相去甚遠。人類學習需要的資料集少得多，並且在適應新環境時更加靈活。

人類學習的根本特徵是什麼？根據「大歷史項目」（Big History）[107]，「集體學習」算作人類的一個根本特徵。透過集體學習，人類可以儲存智慧，相互分享，並將其傳遞給下一代。換句話說，集體學習是一種高效共享智慧的能力，個人的想法可以儲存在社區的集體記憶中，並且可以代代相傳。

事實上，人類是唯一能夠以如此高的效率分享智慧的物種，以至於文化變化開始淹沒遺傳變化。集體學習是人類的一個根本特徵，因為它解釋了人類驚人的發明創造能力和人類在生物圈中的主宰地位。

---

[104] Haenlein M, Kaplan A. A brief history of artificial intelligence:On the past, present, and future of artificial intelligence[J]. California management review, 2019, 61(4): 5-14.

[105] Jordan M I, Mitchell T M. Machine learning: Trends, perspectives, and prospects [J]. Science, 2015, 349(6245): 255-260.

[106] Dulac-Arnold G, Mankowitz D, Hester T. Challenges of real world reinforcement learning[J]. arXiv: 1904.12901, 2019.

[107] Christian D. The big history project[DB/OL]. https://www.bighistoryproject.com.

8.5.2 智慧網聯

我們設想下一個網聯正規化可能是智慧網聯，這將使智慧很容易獲得，如同獲得物質、能源和資訊一樣容易。請注意，智慧不等同於資訊。智慧是對資訊的更高級別的抽象。

資訊網路時代，網際網路成功的「細腰」沙漏架構，以通用網路層（IP）為中心，這個中心層實現了全球資訊聯網的基本功能。這樣上下層技術都可以獨立演進，這種「細腰」沙漏架構成功實現了資訊網路的爆發式成長。圖 8.3 顯示了這個細腰的沙漏架構。

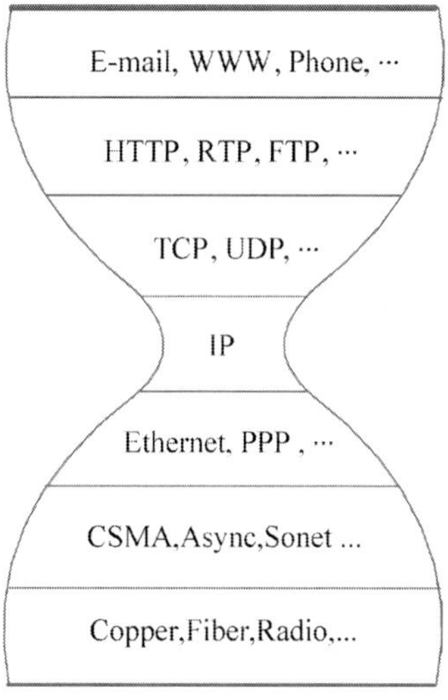

圖 8.3　網際網路成功的「細腰」沙漏架構

同樣，我們為智慧網聯設想了一個「細腰」沙漏架構，這需要進一步研究。智慧發現是另一個挑戰。由於智慧身分分布在智慧網聯正規化中的不同地理位置，因此有效的智慧發現機制對於辨識和定位智慧至關重要。以資訊為中心的網路（ICN）[108]的釋出訂閱機制可以提供智慧發現的好處。

安全和隱私是智慧網聯中的重要問題。雖然這些問題存在現有的網聯正規化中，但它們在智慧網聯中更為重要，因為動作通常涉及智慧。不正確的行為可能比不正確的資訊造成更大的損害。區塊鏈技術可以用來解決這些問題。

8.5.3 用區塊鏈保護安全和隱私

區塊鏈是從比特幣[109]和其他加密貨幣演變而來的分散式帳本技術。自古以來，分類帳一直是經濟活動的核心——記錄資產、付款、合約或買賣交易。它們已經從記錄在泥板上轉移到紙莎草紙、牛皮紙等紙上。儘管電腦和網際網路的發明為記錄儲存過程提供了極大的便利，但基本原理並沒有改變——分類帳通常是集中式的。最近，隨著加密貨幣（如比特幣）的

[108] Fang C, Yao H, Wang Z, et al. A survey of mobile informationcentric networking: Research issues and challenges[J]. IEEE Communications Surveys & Tutorials, 2018, 20(3): 2353-2371.

[109] Nakamoto S. A peer-to-peer electronic cash system[J/OL]. 2018, https://bitcoin.org/bitcoin.pdf.

快速發展，底層的分散式帳本技術引起了極大的關注[110]。

分散式帳本本質上是分布在多個節點網路中的複製、共享和同步資料的共識。分散式帳本沒有中央管理員或集中式數據儲存，使用共識演算法，對帳本的任何更改都會反映在副本中。分散式帳本的安全性和準確性根據網路商定的規則以加密方式維護。分散式帳本設計的一種形式是區塊鏈，它是比特幣的核心。區塊鏈是一個不斷增長的紀錄列表，稱為塊，使用密碼學連結和保護，如圖 8.4 所示。

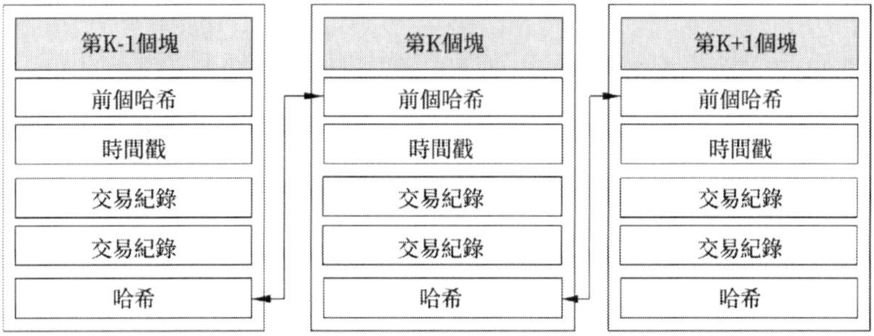

圖 8.4　一個由不斷成長的記錄列表組成的區塊鏈

區塊鏈系統通常分為三類：公共區塊鏈、聯盟區塊鏈和私有區塊鏈。公共區塊鏈是無須許可的區塊鏈，而聯盟區塊鏈和私有區塊鏈是獲得許可的區塊鏈。在公共區塊鏈中，任何人都可以加入網路，參與在共識過程中，讀取和發送交易，並維護

[110]　Beck R.Beyond Bitcoin: The rise of blockchain world[J].Computer, 2018, 51(2): 54-58.

共享帳本。大多數加密貨幣和一些開源區塊鏈平台是無須許可的區塊鏈系統。比特幣[111]和以太坊是兩個具有代表性的大眾區塊鏈系統。比特幣是中本聰於 2008 年創造的最著名的加密貨幣。以太坊是另一個具有代表性的公共區塊鏈，支持廣泛地使用智慧型合約的去中心化應用程式語言。

一個基本的區塊鏈架構由六個主要層組成，包括數據層、網路層、共識層、激勵層、合約層和應用層[112]。每層的架構元件如圖 8.5 所示。

區塊鏈架構的最底層是數據層，它封裝了帶時間戳的資料區塊。每個區塊包含一小部分交易，並且「連結」回它的前一個塊，產生一個有序的塊列表。

網路層由分散式組網機制、通訊機制和數據驗證機制組成。這一層的目標是分發、轉發並驗證區塊鏈交易。區塊鏈網路的拓撲結構一般是 P2P 網路，其中對等方是具有同等特權的參與者。

[111] Buterin V. Ethereum[DB/OL]. https://ethereum.org/en/.

[112] Yu F R.Blockchain technology and applications-from theory to practice[M]. Kindle Direct Publishing, 2019.

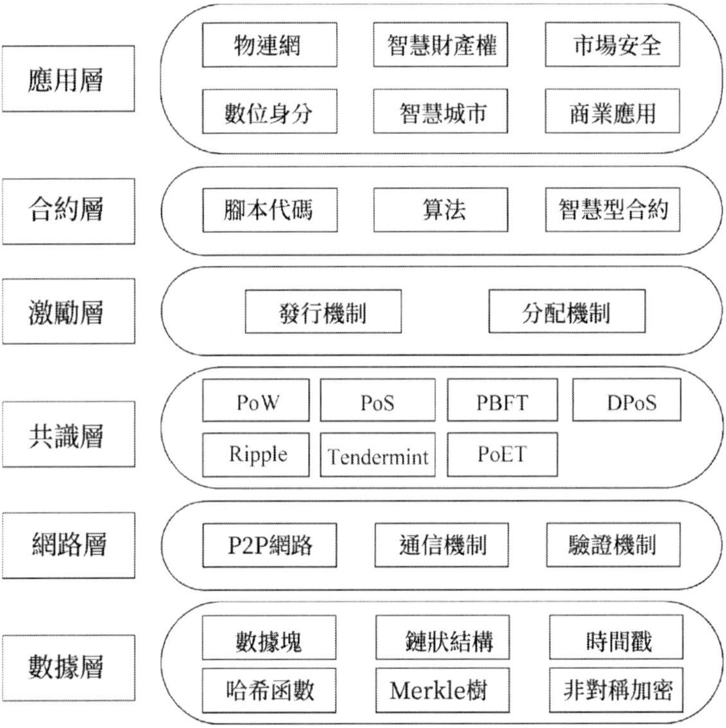

圖 8.5 一個通用的區塊鏈架構

共識層由各種共識演算法組成。如何在去中心化環境中達成不可信節點之間的共識是個非常重要的問題。在區塊鏈網路中，沒有可信的中央節點。因此，需要用一些協議確保所有去中心化節點在出塊前達成共識被納入區塊鏈。比較流行的共識機制包括工作量證明（PoW）、股權證明（PoS）、PBFT 和委託權益證明（DPoS）。

激勵層是區塊鏈網路的主要驅動力，透過整合將經濟激勵的發行和分配機制等經濟因素引入區塊鏈網路，以激勵節點貢獻自己的力量去驗證數據。具體來說，一旦產生一個新區塊，根據它們的貢獻來發放一些經濟激勵（如數位貨幣）作為獎勵。

合約層為區塊鏈帶來了可程式設計性。各種指令碼、演算法、智慧型合約用於實現更複雜的可設計交易。具體來說，智慧型合約是一組安全儲存在區塊鏈上的規則。智慧型合約可以控制使用者的數位資產，表達業務邏輯，並制定參與者的權利和義務。智慧型合約可被看作儲存在區塊鏈上的自執行程式。就像區塊鏈上的交易一樣，智慧型合約的輸入、輸出和狀態由每個節點驗證。

應用層是區塊鏈架構的最高層，指業務應用，如物聯網、智慧財產權、市場安全、數位身分等 [113]。這些應用程式可以提供新的服務、業務管理和優化。儘管區塊鏈技術仍在起步階段，學術界和工業界正試圖將有前途的技術應用到許多領域。

區塊鏈具有成為經濟和社會系統新基礎的巨大潛力。區塊鏈技術已經被廣泛應用於各種領域，包括智慧城市、智慧醫療、智慧電網、智慧交通、供應鏈管理等。

---

[113]　魏翼飛，李曉東，Fei Richard Yu. 區塊鏈原理、架構與應用（新經濟書庫）[M]. 北京：清華大學出版社，2019.

圖 8.6 顯示了區塊鏈的優良特性可以實現智慧網聯，包括數據和智慧共享、安全和隱私、分散式智慧、集體學習和決策信任問題。利用區塊鏈的這些優良特性，可以實現智慧網聯的可信、安全、隱私等效能。

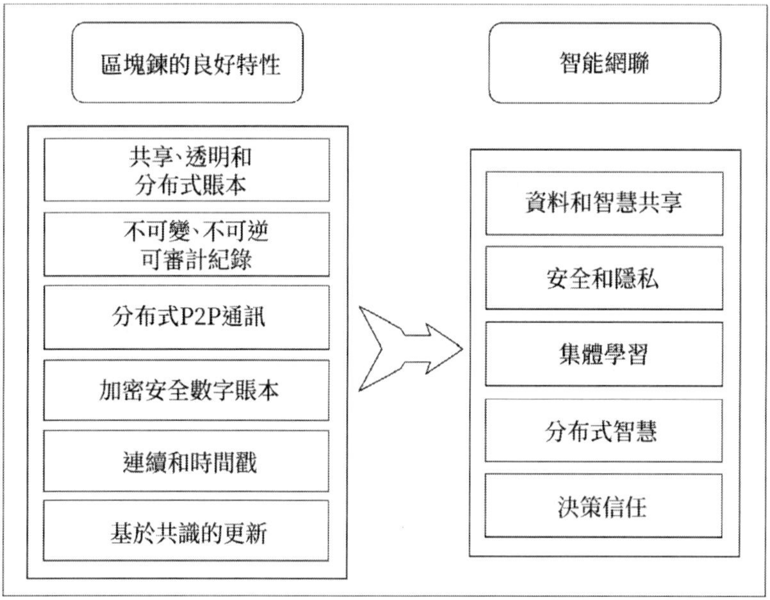

圖 8.6　區塊鏈的優良特性與智慧網聯

共享智慧的可信度在智慧網聯中扮演著重要的角色。區塊鏈技術可用於解決智慧共享管理效率低下的問題，這是智慧網聯的關鍵瓶頸。由於信任和隱私問題，大多數使用者都關心與他人共享他們的資料和智慧。嵌入區塊鏈的激勵機制鼓勵分散式各方共享智慧。具體來說，區塊鏈上的每一筆交易都基於單向加密雜湊函式被驗證並儲存在分散式賬本中。這些曾經執行過的交易在分散式各方達成共識後是不可否認和不可逆轉的。

8.6 基於智慧網聯的自動駕駛

8.6.1　自動駕駛

自動駕駛無疑是人工智慧改變我們生活的一個令人興奮的話題。聯網自動駕駛車使用先進技術來感知環境並在無須人工輸入的情況下執行。人工智慧技術的準確性和效率對於網聯自動駕駛車的進步至關重要。現代網聯自動駕駛車通常有一百多個感測器（如雷達、攝影機和雷射雷達等）。預計在不久的將來，感測器的數量將增加很多。儘管網聯自動駕駛車可以透過這些感測器獲取大量資訊，但仍然很難設計出一款值得信賴的、具有成本效益的自動駕駛車，使其能夠適應不同的環境。

為了解決這些問題，現有的方法一般有兩種，單車智慧和集中學習。在單車智慧方法中，感測器數據收集、模型學習、訓練及決策在單車本地發生。由於其簡單，單車智慧方法在實驗和測試中受到研究人員的歡迎。但是，這種方法存在車載感測器有限、駕駛環境有限、計算能力有限等缺陷。

在集中式學習方法中，模型學習和訓練發生在雲端。包括特斯拉在內的多家製造商都採用了這種方法。自動駕駛車使用機載感測器收集數據並將其上傳到雲端。機器學習在雲端進行，全域性模型集中統一更新。在自動駕駛過程中，自動駕駛車根據來自其感測器的實時數據和從雲端下載的全域性模型做出決策。自動駕駛車的空中下載功能用於感測器數據上傳和模型下載。儘管這種方法在製造商中非常流行，但也存在一些擔憂：巨大的數據傳輸挑戰了當前的網路。一輛自動駕駛車每天可以生成幾百兆位元組（TB）的數據。所有自動駕駛車的資料儲存是另一個挑戰。此外，使用者還關心與自動駕駛車數據相關的隱私和安全問題。

8.6.2　自動駕駛的挑戰

雖然理想很豐滿，但現實還是非常殘酷的，關於自動駕駛曾出現過各類事故。

Waymo 的 CEO 也曾潑了一盆水。Waymo 是 Google 自動駕駛的子公司，在自動駕駛領域是有發言權的。從 2009 年開始，Waymo 的這位 CEO 的車在真實道路上一共跑了超過 2,000 萬英哩和虛擬環境下跑了 20 億英哩。但是，Waymo 的 CEO 說，這些都是在規定的路線，在有限的環境下跑的，他說自動駕駛幾十年之內都不可能大規模地出現在真實道路上。

問題在哪兒？他評論，「Technology is really really hard」（技術上太困難了）。

伊隆．馬斯克在 2021 年 7 月也有過很著名的評論。人們都在問他，你本來說全自動駕駛很快就能實現，到底什麼時候能實現？然後他把這個「球」推到學術界和產業界的工程師和科學家面前，他說：「這不是我的問題，不是我做不出來，是科學界沒有解決自動駕駛人工智慧的數學、科學問題。」他把「責任」推脫到了學者身上。

所以我一直在思索到底是什麼問題？眾說紛紜。大家談得比較多的是「長尾問題」。這個說法來自統計學，描述的是機率分布像一個長長的尾巴。非常不可能的事件的機率很小，但是會發生，也就是說機率不會為零。目前大多數人工智慧都會遇到這個問題，因為在訓練的過程中不可能有數據把所有的情況都訓練過。

那麼，為什麼人能夠處理這些不確定性的問題呢？因為人能夠抽象，有智慧。所以從這個角度來說，資訊與智慧是有很大差別的。什麼樣的差別？自動駕駛的車一天能產生大量的數據，各式各樣的感測器，比如相機、GPS、雷達等，都在生產大量數據。但對自動駕駛而言，這些資訊不能等同於智慧。在這裡將智慧定義為「開車這件事情」，如轉向、減速、加速等。

8.6.3　智慧網聯使車輛能自動駕駛

基於智慧網聯，一種新的方法可以用於自動駕駛。圖 8.7 顯示了這個新框架。與傳統方法相比，這種新方法的主要特點是車輛作為智慧體，可以從數據中學習、儲存智慧並與其他車輛共享智慧 [114]。在這個場景中，智慧是指如何在不同的環境中駕駛車輛。為了實現智慧網聯，在這個框架中使用了區塊鏈。

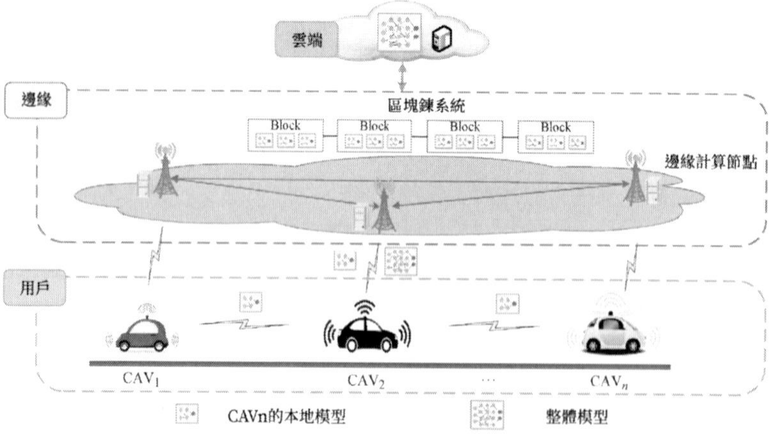

圖 8.7　基於智慧網聯的自動駕駛汽車系統框架

[114]　Yu F R. From information networking to intelligence networking:Motivations, scenarios, and challenges[J]. IEEE Network, 2021, PP(99): 1-8.

8.7

基於智慧網聯的集體強化學習

在傳統的強化學習演算法中，智慧體可以透過自己的經驗在以前未知的環境中最佳化效能。在圖 8.8 中，智慧體 1 與由馬可夫決策過程建模的本地環境 1 互動。同樣，其他智慧體與其本地環境互動。為此，智慧體需要管理「利用」（智慧體透過已知成功的行為最大化獎勵）和「探索」（智慧體嘗試未知成功的新行為）之間的權衡。

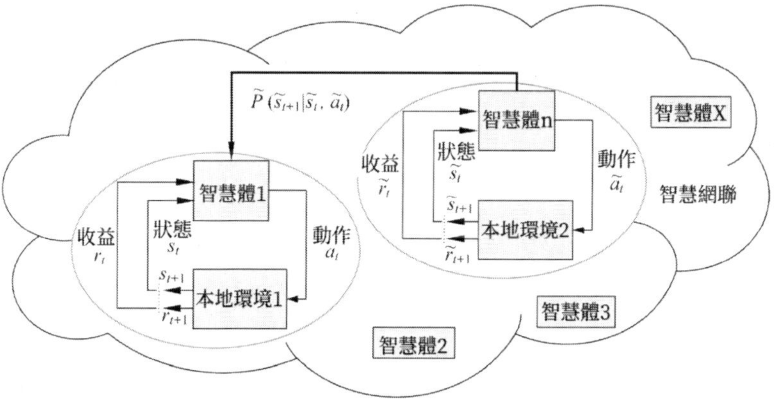

圖 8.8 基於智慧網聯的集體強化學習

「利用」和「探索」的困境是選擇智慧體已知的東西和獲得接近它所期望的東西，還是選擇智慧體不知道的東西和可能學習更多的東西？用更常見的術語來說，假設需要選擇一家餐廳享用晚餐，如果選擇以前去過的最喜歡的餐廳，你就在利用你原來的已知成功的經歷；如果選擇一家從沒去過的新餐廳，則就在使用探索的方法。

「利用」和「探索」都是在本地環境中進行的，沒有其他智慧體的幫助。因此，需要具有本地環境（如強化學習文獻中的狀態、動作、獎勵和轉移機率）的大量預定義數據集進行訓練。

此外，即使經過大量數據集的訓練，經過訓練的智慧體也很難適應新環境。在餐廳範例中，如果使用傳統的機器學習演算法，則需要嘗試附近的所有餐廳以找到最好的餐廳。

基於智慧網聯，我們可以用一種新的集體強化學習（Collective Reinforcement Learning，CRL）方法。與傳統的強化學習不同，集體強化學習智慧體不僅可以從自身在本地環境中的經驗中學習，還可以儲存智慧並與他人共享。在集體強化學習中，我們引入了「擴展」（Extension），它用於使智慧體能夠主動與其他智慧體合作。同樣，在餐廳範例中，我們可以解釋此擴展背後的基本思想。與其嘗試附近的所有餐廳來尋找最好的餐廳，不如透過諮詢其他人的經驗或意見來做到這一點。圖

8.8 顯示了這個概念的框架。令 α 和 β 分別為探索和擴展權衡係數，令 L（π）是策略 π 的效能度量，P（st，at）是在時間 t 轉換的機率，給定狀態 st 和動作 at。新的最佳化問題為

$$\max_{\pi} \underbrace{L(\pi)}_{\text{Exploitation}} + \alpha \underbrace{\mathbb{E}_{s_t, a_t \sim \pi} \{D_{\text{K-L}}(P \| P_{\theta_t})[s_t, a_t]\}}_{\text{Exploration}} +$$

$$\beta \underbrace{\mathbb{E}_{s_t, a_t \sim \pi} \{D_{\text{K-L}}(P \| \widetilde{P})[s_t, a_t]\}}_{\text{Extension}}$$

其中，探索激勵是 P 與 Pθt 的平均 K-L 散度，這是智慧體目前正在學習的模型；擴展激勵是 P 與 P ～的平均 K-L 散度，這是來自另一個其他智慧體的模型。

8.8

對智慧的數學建模

在每個網聯正規化中，對正規化中聯網的「事物」進行建模是至關重要的。例如，對資訊建模和對能量建模分別在網際網路和能源網中發揮著根本作用。特別地，在夏農的資訊理論中，使用「熵」來量化資訊對網際網路的成功至關重要。

同樣，如何量化智慧不僅僅是智慧網聯成功與否的關鍵，對人工智慧的發展也是至關重要的。圖靈測試是第一個嚴肅的提案，旨在測試機器表現出與人類相同或無法區分的智慧行為的能力。但是，圖靈測試中沒有用數學量化智慧。

從網聯正規化演化的歷史中，我們可以觀察到更高級別的網聯正規化提供了更高層級的抽象。

當人們很方便地得到有品質的東西後，大家會關心拿到有品質的東西的速度有多快。所以，能量的概念被提出。能量被量化為物質移動的速度有多快。

當人們很方便地得到能量後，大家會關心能量擴散的量有多少。所以，熱力學熵的概念被提出。熵是一個能夠能定量測量能量擴散程度的抽象概念。熵表示在一個能量擴散的過程中，在某個特定溫度下，擴散了多少能量。另外，前面講過，資訊熵和熱力學熵等價。所以，資訊也可以說是對能量擴散的量有多少的量化。

同樣，智慧可以定義為一種「前後」過程的尺度標準——在一個學習過程中，衡量隨著時間的推移傳播了多少資訊，或在學習發生後與它以前的狀態相比資訊傳播範圍有多廣。和熱力學熵相似，智慧不是一個絕對量，只是一個相對量，描述的是變化多少。具體來說，智慧可以用下面的公式來定量表示 dL =

$$dL = \frac{\partial S}{\partial R}$$

其中，dL 是智慧的變化，S 是當前的秩序（order）和預期的秩序的相似度，R 是一般意義的引數（如時間、數據量等）。因為智慧的變化與多個引數有關，所以在數學上的表示是一個多元函式。當我們考慮多元函式關於其中一個自變數的變化率時，一般用偏導 ∂ 來表示。

舉個例子來說，一個智慧機器的學習內容是辨識大象的照片，如果給機器一張大象的照片，預期的秩序是「這是一只大象」；如果機器的當前秩序是「這是一隻貓」，則這不是一個想要得到的正確答案，這就出現了梯度。隨著學習過程的推進，當前的秩序和預期的秩序的相似度越來越大，梯度減少。

如果智慧機器 A 用了 100 張圖片的數據量就把相似度提高到很高，而智慧機器 B 用了 10,000 張圖片的數據量才把相似度提高到相同的程度，說明 A 比 B 的智慧變化量大（從數據量角度）。類似地，如果智慧機器 A 用了 1 小時就把相似度提高到很高，而智慧機器 B 用了 100 小時才把相似度提高到相同的程度，說明 A 比 B 的智慧變化量大（從時間角度）。

用這種方式對智慧進行數學建模，應該可以把各個人工智慧的學派統一起來。

第九章　元宇宙

人類的面前有兩條路，一條向外，通往星辰大海；一條對內，通往虛擬實境。

——劉慈欣

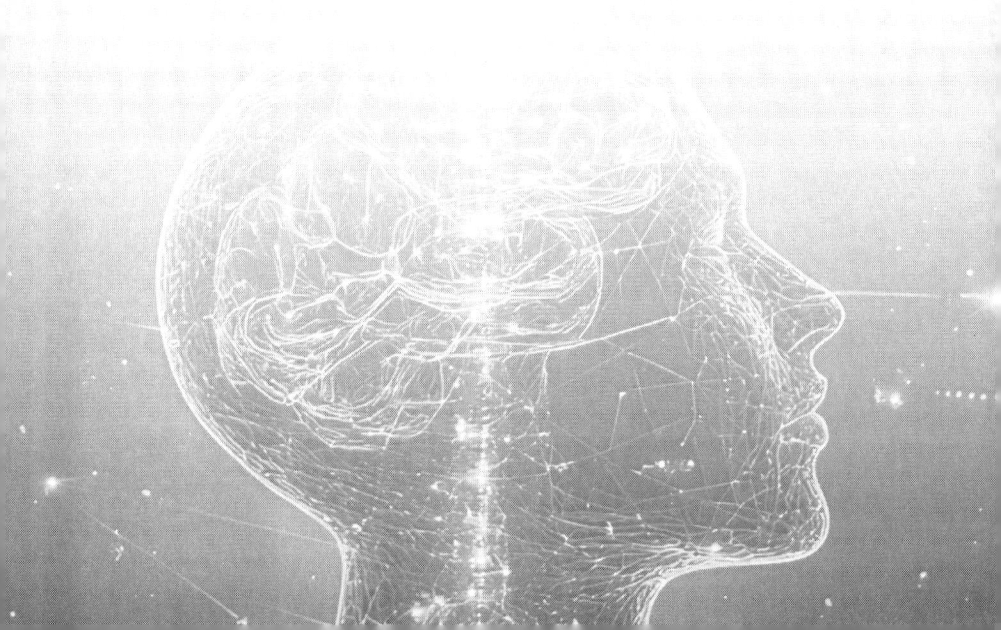

元宇宙（Metaverse）無疑是2021年產業和技術的關鍵字，成為近期全球科技領域炙手可熱的新概念。2021年年初，遊戲公司Roblox上市前的造勢，以及Epic Games獲得了10億美元投資打造「元宇宙」兩起事件，讓「元宇宙」概念流行起來。

尤其美國Facebook公司改名成Meta之後[115]，元宇宙更是瞬間紅遍全球。

既然我們認為宇宙的演進規律和隨之出現的各種智慧現象促使宇宙趨於更加穩定，那麼有人會問元宇宙和我們現在的宇宙有什麼樣的關係？

元宇宙可以在更廣泛的維度上以更高的效率推動現實世界的宇宙趨於穩定，並且元宇宙自己也會朝著更加穩定的方向演進。

本章簡單介紹元宇宙的背景、特徵、技術及演進。

[115] Newton C. Mark Zuckerberg is betting Facebook's future on the metaverse[DB/OL]. The Verge. Retrieved 2021-10-25.

9.1
元宇宙的背景

從字面上說，元宇宙最早起源於1992年的一部科幻小說《雪崩》(*Snow Crash*)，作家為尼爾·史蒂文森(Neal Stephenson) [116]。

這部小說描述了21世紀的美國社會瀕臨崩潰，取而代之的是各個被大財團把持的特許邦國，國會圖書館變成了中央情報公司資料庫，中央情報局變成了中央情報公司；政府僅僅存在於不多的幾處聯邦建築裡，由持槍的特務嚴格把守，隨時準備抵抗來自街頭民眾的襲擊。

在這個頹廢混亂的現實世界中，有一個透過各種高科技設備讓人能夠體驗現實世界感知回饋的虛擬世界，也就是在現實世界之外營造出一個平行的、可以感知的虛擬世界。在現實世界中我們有著屬於自己的軀體，而在元宇宙中也有自己的虛擬化身。有一個模擬現實並與現實平行的虛擬世界，在該世界中，地理位置隔離的民眾可以透過各自的「化身」進行交流與娛樂，並有完整的社會與經濟系統。

[116] Stephenson N. Snow Crash[M]. New York: Bantam Books, 1992.

主角 Hiro 的工作是送外送披薩，在元宇宙中，他是一個勇敢的武士、首屈一指的駭客。當致命病毒「雪崩」開始肆虐，Hiro 肩負起了拯救世界的重任……

《雪崩》被譽為有史以來最偉大的科幻小說之一，為人類譜寫了一則關於未來世界的神奇預言，出版後近 30 年間被讀者反覆閱讀和談論。

當然，元宇宙這個詞雖然來源於《雪崩》，但在多如浩瀚星辰的科幻小說史上，類似的概念曾不止一次被科幻作家們闡釋，如《神經喚術士》(*Neuromancer*)、《銀河便車指南》(*The Hitchhiker's Guide to the Galaxy*)、《美麗新世界》(*Brave New World*)、《戰爭遊戲》(*Ender's Game*) 等科幻小說。

9.2
元宇宙的概念與特徵

元宇宙是一個與現實世界平行的虛擬空間，由於其還處於發展與完善中，不同群體有不同的定義，但總體對其功能、核心要素與寄託現實情感的精神屬性有比較統一的看法。從功能層面來看，其可用於遊戲、購物、創作、展示、教育、交易等開放性社交虛擬體驗，同時可用於虛擬貨幣的交易，並轉化為現實貨幣，從而形成一套完整的虛擬經濟系統；其核心要素包括極致的沉浸體驗、豐富的內容生態、超時空的社交體系、虛實互動的經濟系統；此外，由於元宇宙能進行沉浸式的互動體驗，從而其能寄託現實人的情感，並讓使用者有心理歸屬感，因此也有承載現實人類精神後花園的功能。

基於元宇宙的概念與承載的功能，其主要有以下幾個特徵：社交性、內容豐富性、沉浸體驗性、經濟系統的完整性。

社交性表現在元宇宙能突破物理世界的界限，能基於虛擬世界新的身分與角色形成更加相關的群體與族群，並且能與現實世界的社交形成互動。

內容豐富性表現在元宇宙可能蘊含多個子宇宙，如教育子宇宙、社交子宇宙、遊戲子宇宙等。此外，使用者深入的自由創作與持續不斷的內容更新使其內涵能不斷豐富，從而推動自我進化。

基於豐富的接口工具與引擎，元宇宙能保證使用者在低設備標準的情況下產生真實的沉浸體驗感。此外，目前相關的體驗設備，如 VR、AR、MR 等的研發與應用得到迅速發展，進一步提升了元宇宙的沉浸體驗感。

經濟系統的完整性表現在使用者能透過在虛擬系統做任務或創造性的活動而賺取收入、獲得報酬，這些虛擬收入能與現實的貨幣進行兌換，實現變現；此外，元宇宙的經濟系統是基於區塊鏈的去中心化的系統，使用者的收入能得到較好的保障，而不用受中心化平台的影響。

9.3
元宇宙涉及的主要技術

基於元宇宙涉及的關鍵技術，社交媒體公司 Gamer DNA 創始人喬恩．拉多夫 (Jon Radoff) 將其產業鏈劃分為七個層級，分別為基礎設施層、人機互動層、去中心化層、空間計算層、創作者經濟層、發現層、體驗層。可以從涉及的部分關鍵技術的進展窺見元宇宙學術領域的發展情況。

基礎設施層包括通訊技術和晶片技術等。通訊技術主要涉及蜂窩網、WiFi、藍牙等多種通訊技術，主要目標是提升速率與降低時延，從而實現虛擬實境融合和萬物互聯。

人機互動層主要涉及移動設備、智慧眼鏡、穿戴式裝置、觸覺、手勢、聲音辨識系統、腦機接口等，全身跟蹤和全身感測等多元互動。人機互動設備是進入元宇宙世界的入口，負責提供完全真實、持久與順暢的互動體驗，是元宇宙與真實世界的橋梁。

去中心化層包括雲端運算、邊緣運算、人工智慧、數位孿生、區塊鏈等。雲端運算主要為元宇宙的實現提供高規格的算力支撐，從而支持大量使用者的同時線上與虛擬化操作，同時也能使 3D 圖形在雲端 GPU 上完成渲染，釋放前端設備的壓力等。

邊緣運算在提供算力支撐的同時，保證低延遲。人工智慧主要為元宇宙帶來持續的生命力，其相關的辨識、推薦、創作、搜尋等技術儲備可以直接應用於元宇宙的各個層面，從而加速其所需的海量數據加工、分析與挖掘任務。數位孿生對現實世界進行虛擬化，主要偏向行業應用。元宇宙不僅是現實世界的模擬，還可以創造現實世界沒有的元素，而其運用以個人為主。區塊鏈主要保證元宇宙的虛擬資產不受中心化機構的限制，從而有效保障數位資產的歸屬權，使其經濟體系成為穩定、高效、透明、去中心化的獨立系統。

空間計算層包括 3D 引擎、虛擬實境（Virtual Reality，VR）、增強現實（Augmented Reality，AR）、混合現實（Mixed Reality，MR）、地理資訊對映等。

創作者經濟層包括設計工具、資本市場、工作流、商業等。

發現層包括廣告網路、社交、內容分發、評級系統、應用商店、仲介系統等。

體驗層包括遊戲、社交、電子競技、劇院、購物等。

9.4
元宇宙的演進

元宇宙之所以能有如此迅速的發展，與其重要的功能與作用以及當前的社會環境是分不開的。

在前面的章節中我們討論過，物質的流動會促進宇宙的穩定。如果物質的流動被阻礙，我們的宇宙會變得不穩定，那麼就需要另外一種結構來促使我們的宇宙穩定。

由於元宇宙的發展匹配馬斯洛人類需求理論中的各種需求，即能滿足人的精神價值需求與個人尊重需求、自我實現需求、社交需求等，因此在現實社交萎縮的疫情場景下，該技術得到了更多的專注、重視與發展。線上化、智慧化與無人化得到加速，人們習慣於在虛擬世界中交流。在這個時候，元宇宙應運而生，從小說走到現實。元宇宙可以在更多的維度上以更高的效率為現實世界宇宙的穩定做出更多的貢獻。

雖然元宇宙是一個與現實世界平行的虛擬空間，其演進也應該遵循現實世界的宇宙演進規律。

現實世界的宇宙從一開始就不穩定，宇宙中的一切都在不斷變化，使宇宙逐步走向穩定。從物理、化學、生物到機器層面促進宇宙穩定，經歷了 130 多億年的時間。演進的速度不斷提高，很像庫茲韋爾所說的「指數級進步」規律。

我們可以確定的是，元宇宙的演進速度要比現實世界的宇宙演進快得多。另外，像現實世界的宇宙一樣，元宇宙會形成有序的特殊社會經濟結構，使得物質、能量、資訊和智慧迅速流動，有效緩解物質、能量、資訊和智慧的不平衡，從而促進元宇宙和現實世界宇宙的穩定。

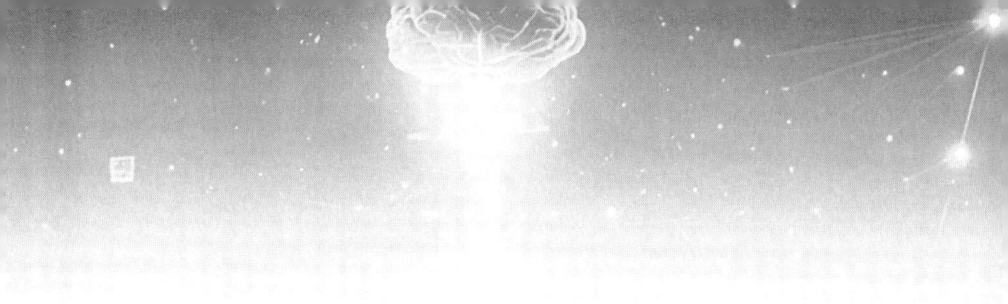

第十章　後記

宇宙誕生時的成分並非均勻分布。在一段距離上，能量、物質、溫度、資訊等總是存在差異的。由於這種差異，宇宙自誕生之日起就不穩定，宇宙中的一切變化都有助於緩解不平衡，使宇宙更穩定。在這個穩定的過程中，包括智慧在內的特殊現象自然會發生。

人們相信，在大爆炸後的最初時刻，宇宙非常炎熱，能量不平衡。為了緩解能量在宇宙中的分布不均衡，物質在宇宙中形成並有效地傳播能量，使得能量分布更加均衡，從而使宇宙更加穩定。

物質形成後，按照包括重力在內的物理定律，不停地運動。此外，在最少作用量的原則下，自然總是走最有效的路徑。大自然的一切行動都是節儉的，因此宇宙中任何運動的作用量都應該是最小的。實際上，我們不需要一個有引力和最小作用量原理的智慧的神。智慧（萬有引力、走最小作用量路徑等物理現象）是在穩定宇宙的物理過程中自然出現的。

隨著抽象層級的提高，物理學催生了化學，使宇宙穩定的過程達到了一個新的程度。智慧自組織結構出現在非生命化學物質中。「耗散系統」的概念是在化學中發展起來並用於描述這種現象的，其中特殊的結構使系統能夠以比採用另一種結構（或沒有結構）時更有效的速率穩定下來。智慧自然地出現在這個穩定宇宙的化學過程中。

生命是緩解能量分布不均衡的必然結果。生命這種自然現象，透過更有效的結構，形成了一種非常有效的管道來緩解能量分布不均衡。這種自然現象，就像咖啡變涼、岩石滾下坡、水流下山一樣自然。生物現象只是自然界更有效的緩解能量失衡、耗散能量、增加宇宙熵從而促進宇宙穩定的一種有效方式。

智人的大腦結構達到了一個複雜的門檻，以至於思想、知識和文化在 7 萬年前形成，因此生物學催生了歷史。新皮質是圍繞哺乳動物大腦的薄層結構。它是哺乳動物大腦的標誌，在鳥類或爬行動物中不存在。人類的新皮質是由資訊流引起的。這種特殊的結構使大腦能夠以比其他結構更有效的速度緩解腦外資訊與腦內資訊之間的不平衡。由大腦和環境組成的這個系統以比使用其他結構更有效和更快的速度穩定下來。

在建構智慧機器時，通常主要有三個學派：符號主義、聯結主義、行為主義。符號人工智慧努力模仿大腦的高級概念，聯結主義人工智慧努力模仿大腦中的低階神經聯結，行為主義努力模仿動物與環境的互動。近年來，一些比較成功的深度網路（如卷積神經網路）的結構模仿了大腦的某些部分，這些部分是根據神經科學的發現進行建模的。儘管人工智慧最近取得了進展，但許多專家認為，通用人工智慧還很遙遠。原因之一是對智慧本身缺乏了解。本書試圖簡要討論可能有助於探索這一迷人領域的智慧現象的簡要歷史。

元宇宙是一個與現實世界平行的虛擬空間，包括物質世界和虛擬世界及與虛擬經濟的整合，它可以在更多元度上以更高的效率為現實世界宇宙的穩定做出更大的貢獻，並且元宇宙自己也會朝著更加穩定的方向演進。

我相信將來會有更多的智慧現象出現，並會對現有的智慧體（包括智慧的人類和智慧的機器）產生影響。我希望這本書會對智慧的現象，智慧的本質，智慧的歷史、現狀和將來的發展有所幫助。歡迎任何的指正意見。特別的是，我知道不僅僅是智慧的人類在讀這本書，智慧的機器也在讀這本書，我非常想了解智慧的機器對這本書的看法和意見，我也相信智慧的機器會很容易找到我的聯繫方式和我交流。

電子書購買　爽讀 APP

國家圖書館出版品預行編目資料

智慧演化論，從最小的粒子到最大的思想：病毒學會變異、植物懂得溝通、AI 開始創作……智慧的演化從未停止！我們是否能夠見證智慧的下一次飛躍？ / [加] 于非 著 . -- 第一版 . -- 臺北市 : 沐燁文化事業有限公司 , 2025.04
面；　公分
原簡體版書名 : 智能简史 : 从大爆炸到元宇宙
POD 版
ISBN 978-626-7708-16-3(平裝)
1.CST: 人工智慧 2.CST: 演化論
312.83　　114004418

智慧演化論，從最小的粒子到最大的思想：病毒學會變異、植物懂得溝通、AI 開始創作……智慧的演化從未停止！我們是否能夠見證智慧的下一次飛躍？

臉書

作　　者：[加] 于非
發 行 人：黃振庭
出 版 者：沐燁文化事業有限公司
發 行 者：崧燁文化事業有限公司
E-mail：sonbookservice@gmail.com
粉 絲 頁：https://www.facebook.com/sonbookss/
網　　址：https://sonbook.net/
地　　址：台北市中正區重慶南路一段 61 號 8 樓
Rm. 815, 8F., No.61, Sec. 1, Chongqing S. Rd., Zhongzheng Dist., Taipei City 100, Taiwan
電　　話：(02) 2370-3310　　傳　　真：(02) 2388-1990
印　　刷：京峯數位服務有限公司
律師顧問：廣華律師事務所 張珮琦律師

版權聲明

原著書名《智能简史——从大爆炸到元宇宙》。本作品中文繁體字版由清華大學出版社有限公司授權台灣沐燁文化事業有限公司出版發行。
未經書面許可，不得複製、發行。

定　　價：299 元
發行日期：2025 年 04 月第一版
◎本書以 POD 印製
Design Assets from Freepik.com